W0259113

ISBN 978-3-662-23295-8 ISBN 978-3-662-25328-1 (eBook)
DOI 10.1007/978-3-662-25328-1

Diese Mitteilungen setzen eine von Erich Regener begründete Reihe fort, deren Hefte auf der dritten Seite des Umschlags genannt sind.

Das Max-Planck-Institut für Aeronomie vereinigt zwei Institute, das Institut für Stratosphärenphysik, und das Institut für Ionosphärenphysik.

Ein S oder I beim Titel deutet an, aus welchem Institut die Arbeit stammt.

Anschrift der beiden Institute:

(20 b) Lindau über Northeim (Hann.)

Messung von Primärteilchen der kosmischen Strahlung

Von der Technischen Hochschule Stuttgart zur Erlangung der Würde eines Doktors der Naturwissenschaften (Dr. rer. nat.) genehmigte Abhandlung

vorgelegt von

Eberhard Waibel

geboren zu Rostock

Hauptberichter Prof. Dr. A. Ehmert

Mitberichter Prof. Dr. U. Dehlinger

Tag der Einreichung 8. 7. 1958

Tag der mündlichen Prüfung 18. 10. 1958

1958

MESSUNG VON PRIMÄRTEILCHEN DER KOSMISCHEN STRAHLUNG.+)

von

Eberhard Waibel

Inhaltsverzeichnis

Seite:

+) Von der Technischen Hochschule Stuttgart zur Erlangung der Würde eines Doktors der Naturwissenschaften (Dr. rer. nat.) genehmigte Abhandlung. 1958.

Seite:

Zusammenfassung

Es wurde ein Gerät mit Proportionalzählern entwickelt, mit dem das Ionisationsspektrum der Ultrastrahlung in großen Höhen aufgenommen werden konnte. Die erzielte Auflösung ermöglichte eine gute Trennung der α-Teilchen von den einfach geladenen Partikeln. Der Aufstieg fand in Süd-Deutschland statt in ca. 49° geomagnetischer Breite nach dem konventionellen zentrischen Dipolsystem. Dank der geringen Steig- und Sinkgeschwindigkeit des Ballongespannes konnte die Höhenabhängigkeit der harten Komponente im Bereich von 990 bis 17,5 g/cm^2 atmosphärischer Tiefe gemessen werden. Bei ca. 80 g/cm^2 ließ sich ein flaches Maximum mit einer etwa 11,7-fachen Höhe des Bodenwertes feststellen. Die α-Strahlung konnte zwischen etwa 100 g/cm^2 und 17,5 g/cm^2 untersucht werden.

Eine Extrapolation der Intensität der α-Teilchen auf 0 g/cm^2 führt unter Berücksichtigung der Spaltwahrscheinlichkeiten der schwereren Kerne zu $0,0105 \pm 0,0008\ cm^{-2} sec^{-1} sterad^{-1}$. Für die Protonen ergibt sich ein extrapolierter Wert von $0,083 \pm 0,005\ cm^{-2} sec^{-1} sterad^{-1}$ ohne Berücksichtigung der Albedo. Ein Vergleich mit über Nord-Amerika bestimmten Energiespektren läßt eine erhebliche Verschiebung der Absolutintensitäten erkennen. Die über Deutschland gemessenen Werte liegen durchweg niedriger und lassen sich zwanglos erklären, wenn man eine Abschneideenergie von 1,30 BeV/Nukl. anstelle von 0,74 BeV/Nukl. für die α-Teilchen annimmt. Die gemessene Gesamthäufigkeit bzw. die ermittelte Protonenintensität befindet sich in Übereinstimmung mit diesen Daten für die α-Strahlung. Es ergibt sich im konventionellen geomagnetischen Koordinatensystem eine Erniedrigung der geomagnetischen Breite um vier bis sechs Grad. Dieses Resultat stimmt überein mit anderen über Europa ausgeführten Messungen.. Die Deutung dieser Abweichung durch das exzentrische Dipolfeld und durch die von Simpson et al. geforderte Drehung des konventionellen Systems wird versucht.

A. Einleitung

Im Jahre 1948 konnten Freier et al. (1) erstmalig schwere Ionen in der primären Ultrastrahlung nachweisen. Sie fanden in photographischen Emulsionen Kernspuren, die sie aufgrund der starken Schwärzungen Elementen zuordnen konnten, die im periodischen System zwischen dem Magnesium und dem Eisen liegen. Spätere Untersuchungen bewiesen auch die Anwesenheit von leichteren Kernen, worunter Helium anteilmäßig sogar mit 10 bis 15 % der Gesamtstrahlung am stärksten vertreten war.

Schon die Auswertung der Spurenbilder allein brachte neue Erkenntnisse über die Wechselwirkung schwerer Kerne mit Materie, Aufschlüsse über Wirkungsquerschnitte und über die Wahrscheinlichkeit der Aufspaltung in einzelne Nukleonen, α-Teilchen und größere Kerntrümmer.

Die Untersuchung der Zusammensetzung der Strahlung und die der Energiespektren führte zu Einschränkungen der Ursprungshypothesen. So konnte wegen der fast gleichartigen Energiespektren der verschiedenen Elemente und des nahezu konstanten Verhaltnisses von Ladung zu Masse entschieden werden, daß die beobachteten Kerne ihre Hüllenelektronen nicht erst beim Eintritt in die Erdatmosphäre, sondern bereits vor dem entscheidenden Beschleunigungsprozeß verloren haben müssen. Es zeigte sich, daß die Häufigkeitsverteilung der Kerne im Universum, die man aus spektroskopischen Untersuchungen ermittelt hat, mit der der kosmischen Strahlung in großen Zügen übereinstimmt. Eine Ausnahme bilden die leichten Elemente Lithium, Bor und Beryllium. Da diese im Kosmos praktisch nicht vorkommen, ist anzunehmen, daß die in der Strahlung beobachteten Kerne dieser Gruppe nur durch das Aufspalten der schwereren Komponenten entstehen können. Wenn man die Fragmentationswahrscheinlichkeiten und die Intensitätsabhängigkeit von der Restmaterie kennt, läßt sich die insgesamt durchlaufene Materieschicht angeben und mit der annähernd bekannten Dichteverteilung in der Galaxis das Lebensalter der

Gesamtstrahlung berechnen. Die genauen Werte für die Intensität und die Spaltwahrscheinlichkeiten stehen aber zur Zeit noch zur Diskussion. Gleichfalls aufgrund der Häufigkeitsverteilung der schweren Kerne können die denkbaren Beschleunigungsmechanismen eingegrenzt werden. Bei katastrophenartigen Energieübertragungen wäre eine Erhaltung der zusammengesetzten Kerne schwer zu verstehen, da die Bindungsenergien sehr klein im Vergleich zu den erreichten kinetischen Energien sind. Extrem langsam verlaufende Beschleunigungen müßten wegen der Spaltwahrscheinlichkeit in der Materie des durchlaufenen Raumes ebenfalls eine Benachteiligung der mehrfach geladenen Partikel ergeben. Außerdem müßten in diesem Fall die leichten Elemente relativ häufig auftreten.

Weitere Informationen zum Ursprungsproblem können in unterschiedlichen Tagesgängen der einzelnen Komponenten enthalten sein. Lord und Schein (2) fanden als erste einen Tagesgang der schweren Kerne. Er beträgt nach den Angaben verschiedener Autoren zwischen 0 und 50 %, ist also noch nicht genügend gesichert. Sofern sich diese Messungen bestätigen lassen, könnte man darauf schließen, daß die betreffende Teilchen-Komponente dauernd von der Sonne emittiert wird, im Gegensatz zu den gelegentlichen Ausbrüchen, die sich als starke Intensitätsanstiege der Gesamtstrahlung bemerkbar machen. Es kann aber nicht ausgeschlossen werden, daß die oben erwähnten Intensitätsunterschiede bei Tag und Nacht durch Modulationen der Strahlung z. B. an interplanetarischen Kraftfeldern verursacht werden.

Für die Untersuchung der Intensitätsabhängigkeit von verschiedenen Parametern eignen sich die zusammengesetzten Kerne besser als die Protonen. Das folgt vornehmlich aus der Unterscheidbarkeit der sekundären von der primären Strahlung. Die energiereichen geladenen Sekundären haben bei Protonen die gleiche Ladung; sie sind aber bei schwereren Elementen prinzipiell anderer Art wegen der Zerstörung der primären Kerne bei den starken nuklearen Wechselwirkungen. Dieser Effekt hat eine entscheidende Bedeutung, wenn die Albedo berücksichtigt werden muß. Für Teilchen der Kernladung $z = 1$ ist diese Rückstreuung erheblich und schwer erfaßbar, während eine Albedo der schweren Kerne ganz minimal ist. Lediglich die Intensität der leichten Kerne erfährt durch die Trümmer schwererer Kerne eine geringe, aber erfaßbare Verfälschung. Bruchstücke von aufgespaltenen Atomen der Luft können im allgemeinen wegen ihrer geringen Energien zu keiner Verwechslung führen.

Ein anderes wichtiges Problem stellt die Frage dar, bei welchen Energien das Teilchenspektrum über verschiedenen Orten an der Erdoberfläche abgeschnitten wird. So scheinen aufgrund neuerer Messungen des Breiteneffektes Zweifel gerechtfertigt zu sein, daß das Magnetfeld in großer Entfernung von der Erde durch das Feld des konventionell benutzten Ersatzdipols zutreffend beschrieben wird. Zur Untersuchung dieser Frage eignet sich besonders die α-Teilchen-Komponente, weil sie einerseits noch mit genügender Intensität auftritt, andererseits aber durch die Rückstreuung sekundärer Strahlung (Albedo) praktisch nicht verfälscht wird.

Diese Übersicht zeigt, daß eine Reihe offener Probleme nur durch genaue Messungen der primären Strahlung in großen Höhen gelöst werden können. In der vorliegenden Arbeit wird über die Entwicklung eines Gerätes berichtet, das besonders für die Untersuchung der α-Teilchen-Komponente geeignet ist und mit dem bereits eine Messung ihrer Absolutintensität bis in 28 km Höhe durchgeführt werden konnte.

§ 1) Grundsätzliche Erwägungen zum Entwurf einer Apparatur zur Messung der zeitlichen und örtlichen Abhängigkeit der Intensität schwerer Kerne in großen Höhen.

Das Gerät sollte in erster Linie entwickelt werden, um später zeitliche Schwankungen untersuchen zu können. Da dies eine langwierige Aufgabe ist, wurde als Ziel der Arbeit zunächst die Entwicklung einer Apparatur festgesetzt, mit der die Messung eines Ionisationsspektrums möglich ist, das die Trennung primärer Teilchengruppen erlaubt. Insbesondere sollte eine deutliche Trennung der Protonen und α-Teilchen erreicht werden.

Die besonderen experimentellen Schwierigkeiten in der Beobachtung der schweren Kerne liegen vornehmlich in deren geringen absoluten Häufigkeiten und den kurzen Reichweiten. Die Messungen müssen deshalb oberhalb von ca. 25 km Höhe unter geringen atmosphärischen Materieschichten erfolgen. Außerdem ist eine lange Beobachtungszeit bei möglichst großen effektiven Aufnahmeflächen notwendig. Die Erfüllbarkeit dieser Forderungen hängt im wesentlichen vom Stand der Ballontechnik ab. Bei unserem Aufstieg kam von vornherein hinzu, daß der Aufwand in erträglichen Grenzen bleiben mußte.

Verwendet man Emulsionen zur Untersuchung dieser Komponente, so bringt das den Vorteil, daß man Angaben über das Energiespektrum und über Spaltwahrscheinlichkeiten machen kann, hat aber im allgemeinen den Nachteil, daß eine genaue zeitliche Zuordnung der einzelnen Ereignisse nicht möglich ist. Dementsprechend sind keine Zuordnungen zur tatsächlichen atmosphärischen Tiefe möglich, was zu nicht unbedeutenden Fehlern bei der Bestimmung der Häufigkeiten führen kann, da ein Teil der Spuren in der Zeit des Auf- und Abstieges bzw. während sonstiger Höhenschwankungen registriert wurde. In einem Fall wurde eine Abhilfe durch Bewegung der Platten erzielt (3).

Der genannte Fehler läßt sich leicht bei Zählergeräten mit elektronischer Registrierung vermeiden. Aus diesem Grunde sollten keine Emulsionen verwendet werden. Bei Beginn der Arbeit lagen nur sehr wenige Berichte über Ergebnisse mit dieser Technik vor. Als Empfänger wurden Proportional- (4, 5) und Szintillationszähler (6) benutzt. Mit diesen Geräten lassen sich gewisse Größen im Gegensatz zur Messung mit Emulsionen nicht bestimmen, wie z. B. die Spaltwahrscheinlichkeiten. Deshalb kann von einer Ergänzung der Methoden gesprochen werden, und je nach Stellung der Aufgabe ist die eine oder andere Methode vorzuziehen. Zur Messung der zeitlichen und örtlichen Abhängigkeit der Teilchenintensität dürften Verfahren mit elektronischer Messung vorteilhafter sein. Zudem ist die Auswertung derartiger Registrierungen mit geringerem zeitlichen Aufwand möglich.

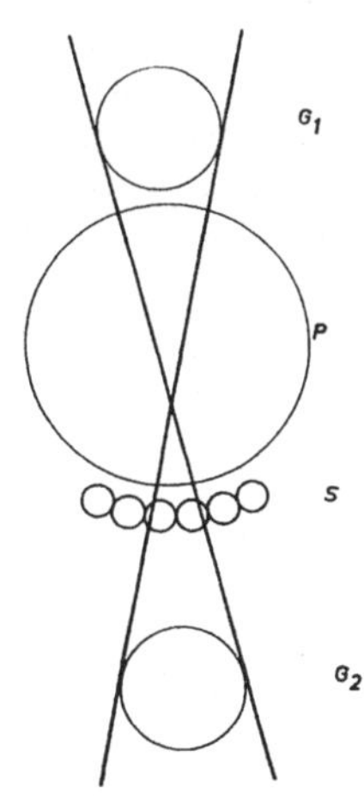

Abb. 1 Zum Prinzip der Messung mit Proportionalzählern (s. Text).

Bei dem nachfolgend beschriebenen Experiment wurden als Kern der Apparatur Proportionalzähler benutzt. Ein Aufbau mit Szintillations- und Cerenkovzählern wurde nicht versucht, da uns zu diesem Zeitpunkt keine entsprechend großen Kristalle und Photomultiplier zur Verfügung standen und eine besondere Entwicklung notwendig geworden wäre.

Zur Erleichterung und Übersicht über die nachfolgenden Ausführungen wird das grundsätzliche Meßprinzip mit Proportionalzählern kurz skizziert. Die spezifische Ionisation wird mit dem Proportionalzähler P gemessen (s. Abb.1), die räumliche Ausblendung aus der in großen Höhen isotropen Strahlung wird von den Geigerzählern G_1 und G_2 bewirkt. Zur Vermeidung von starken Ionisationen, die durch mehrere, den Zähler P gleichzeitig durchdringende Teilchen verursacht werden, wird zusätzlich eine Anordnung von Geigerzählern erforderlich, damit derartige Schauer gekennzeichnet bzw. unterdrückt werden können (Zählrohre S).

Wegen der sehr strengen Gewichtsbeschränkung der Aufstiegsapparatur und aus einigen in § 8 dargelegten Gründen wurde eine Funkübertragung der Meßwerte notwendig.

Eine der wichtigsten, an das Gerät gestellten Forderungen besteht in der Trennbarkeit der Protonen von den α-Teilchen. In den §§ 2 bis 5 werden die die Auflösung des Ionisationsspektrums beeinflussenden Effekte untersucht. Es wird sich zeigen, daß hinsichtlich der Konstruktion und der Füllung der Proportionalzähler als auch der räumlichen Ausblendung und der Begrenzung im Energiespektrum der Strahlung gewisse Optima gefunden, bzw. Bedingungen formuliert werden können. Die für den Aufbau des Teleskops wichtigen Folgerungen werden in § 6 zusammengefaßt. In den anschließenden Kapiteln werden die experimentellen Ausführungen der Aufstiegs- und Bodengeräte mit ihren Eigenschaften diskutiert. Es folgen Ergebnisse von Messungen vor dem Ballonstart und vom Aufstieg selbst und schließlich die Diskussionen der Messungen und ihre Folgerungen.

B. Die Grundlagen zur angewandten Methode.

§ 2) Untersuchung apparativ bedingter Deformationen des Ionisationsspektrums.

a) Einfluß der Zählrohrcharakteristik

Die Messung der Primärionisation mit Hilfe einer Ionisationskammer ist eine grundsätzlich einwandfreie Methode. Sie erfordert jedoch eine hohe äußere Verstärkung, wenn jeder einzelne Impuls registriert werden muß. Soll der Aufwand an elektronischen Hilfsmitteln in einem Aufstiegsgerät niedrig gehalten werden, so empfiehlt sich die Ausnutzung der Gasverstärkung im Proportionalzähler. In § 2 und § 3 werden die von Proportionalzählern herrührenden Einflüsse auf ein Ionisationsspektrum untersucht.

Mit einem derartigen Zähler können sowohl sehr kurze Auflösungszeiten als auch hohe Gasverstärkungen erzielt werden. Der Gasverstärkungsfaktor wird durch

$$M = \exp\left[2\,(fNC'r_i\,V_o)^{1/2}\left((V_o/V_p)^{1/2}-1\right)\right]$$

gegeben (7).

f ist eine für die Gasfüllung charakteristische Größe, N ist die Zahl der Gasmoleküle pro cm^3, $1/2 \cdot C'$ die Kapazität des Zählrohres pro cm, r_i der Radius des Zähldrahtes. V_o ist die angelegte Spannung und V_p eine solche am Beginn des Proportionalbereiches mit $M = 1$. Je nach Art des Gases bzw. des Gemisches können in diesem Bereich Verstärkungsfaktoren bis ca. 10^6 verwendet werden.

Man erkennt in der Formel für M die exponentielle Abhängigkeit von der Zählspannung V_o. Sie kommt zum Ausdruck in der Variation der Impulsamplitude als Funktion dieser Spannung und in der sogenannten Zählrohrcharakteristik, die die Impulshäufigkeit in Abhängigkeit von V_o angibt.

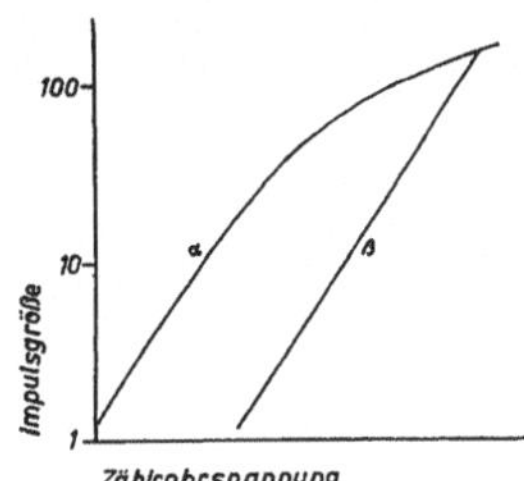

Abb. 2 Mittlere Höhe der Proportionalimpulse bei Einschuß monoenergetischer α- und β-Teilchen als Funktion der Zählrohrspannung (schematisch)

Abb. 2 zeigt schematisch den Verlauf der mittleren Impulshöhe in Abhängigkeit von der Zählrohrspannung bei Einschuß monoenergetischer α - und β -Teilchen. Sodann sieht man aus dem Abflachen der α -Kurve den Beginn des bedingten Proportionalbereiches und an dem Beginn eines gemeinsamen Verlaufs für α - und β-Teilchen den Einsatz des Geigerbereiches. Oberhalb einer gewissen Spannung sind demnach die verschiedenen Impulshöhen nicht mehr deutlich bzw. überhaupt nicht mehr zu unterscheiden.

Stehen zur Untersuchung des Proportionalbereiches keine Strahlungsquellen verschiedener monoenergetischer Teilchen zur Verfügung, so daß die Abhängigkeiten der mittleren Impulsamplituden von V_0 nicht ähnlich der Abb. 2 aufgenommen werden können, so ist man hauptsächlich auf die Untersuchung der Zählrohrcharakteristiken angewiesen. Aus dem Verlauf derselben läßt sich die Spannungsabhängigkeit der Gasverstärkung erkennen, man kann die Güte des Zählers beurteilen und den Arbeitspunkt bei einer vorgegebenen äußeren Elektronik so einstellen, daß alle interessierenden Teilchen vollständig erfaßt werden können.

Da die Ausgangsimpulse von der Stärke der Primärionisation abhängen, ist bei einem Proportionalzähler nur bedingt ein Plateau im Diagramm der Impulshäufigkeit als Funktion der Spannung zu erwarten, wie es beim Geigerzähler auftritt. Es müssen alle Impulse eine gewisse Ansprechschwelle überschreiten, um registriert zu werden. Wendet man Impulse mit gleicher Primärionisation an, so bildet sich ein ausgeprägtes Plateau aus. Bei einer breiten Verteilung der Primärionisation ergibt sich ein flacher Anstieg der Häufigkeitskurve, der schließlich in ein Plateau übergeht. Für dessen Beginn ist die Gesamtverstärkung vor dem Registrierkreis maßgebend. Zur Vermeidung von Zählverlusten muß natürlich so verstärkt werden, daß alle Impulse der zu untersuchenden Strahlung wiedergegeben werden. Die Länge eines solchen Proportionalplateaus hängt von der Gasart bzw. dem Gasgemisch, dem Druck im Zähler und der angewandten Verstärkung ab.

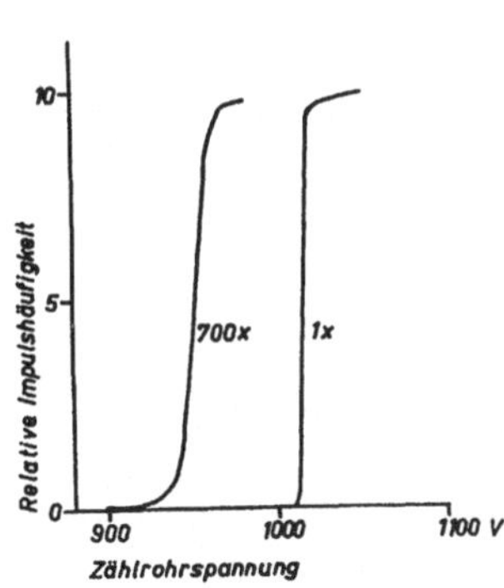

Abb. 3a Charakteristik eines Zählers mit einer Füllung von 90 Torr Ar + 10 Torr C_2H_4 bei den Verstärkungen M = 1, M = 700.

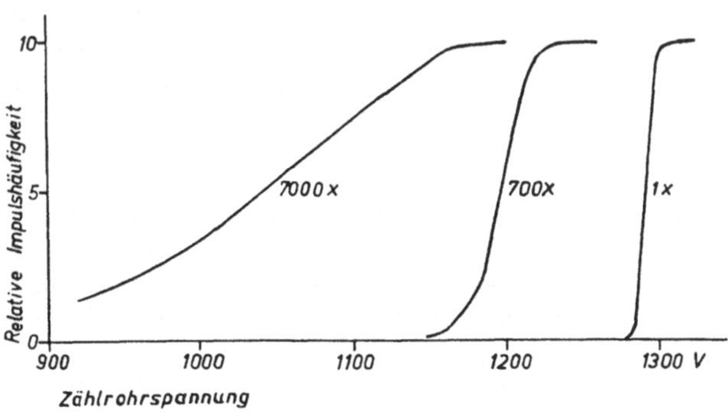

Abb. 3b Zählrohrcharakteristik bei Füllung mit 180 Torr Ar + 20 Torr C_2H_4 M = 1, 700, 7000.

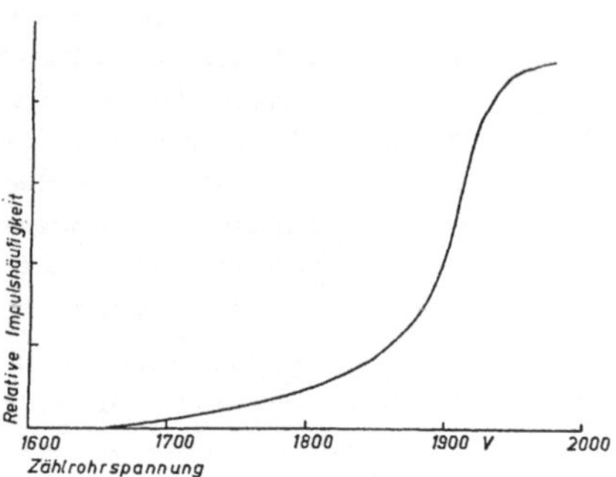

Abb. 3 c Zählrohrcharakteristik bei Füllung mit 60 Torr Ar + 40 Torr C_2H_4
M = 700.

Die Abb. 3 a – c zeigen die Zählkurven eines Proportionalzählers mit quadratischem Querschnitt ($3,8 \cdot 3,8\ cm^2$) und 0,005 cm starkem Draht als Anode bei verschiedenen Füllungen und verschiedenen elektronischen Verstärkungen bei gleicher Ansprechschwelle. Als Strahlungsquelle diente ein γ-Präparat (in Form von Monazitsand), das ein breites Primärspektrum erzeugt. In Abb. 3 a werden die Meßwerte an dem mit 90 Torr Argon und 10 Torr Äthylen gefüllten Zählrohr bei ca. 700-facher und 1-facher Verstärkung wiedergegeben, letztere stellt aufgrund der Diskriminatorstellung recht gut den Beginn des Geigerbereiches dar. Für Abb. 3 b gilt eine Füllung von 180 Torr Argon und 20 Torr Äthylen mit den Verstärkungen V = 1, 700 und 7000. Ihr Proportionalbereich ist erheblich größer als der der ersten Füllung. Ein Gemisch mit einem höheren Prozentsatz von Äthylen (40 T. C_2H_4 + 60 T. A) weist ebenfalls einen derartig großen Bereich auf (s. Abb. 3 c). Je flacher die Zählkurve verläuft, um so weniger kritisch wirken sich S c h w a n k u n g e n d e r A r b e i t s s p a n n u n g a u s.

Aus der Gleichung für M geht hervor, daß die Gasverstärkung exponentiell mit dem Produkt aus der Spannung und einem durch die Gasfüllung bestimmten Faktor ansteigt. Die Charakteristiken in den Abb. 3 a – c stellen im Bereich vor Erreichen des Plateaus faktisch $M(V_0)$ dar. Ziel der Untersuchung ist die Bestimmung einer geeigneten Gasfüllung und die Festlegung des günstigsten Arbeitspunktes auf der Kennlinie, so daß 1. die Änderung der Gasverstärkung mit der Spannung $\frac{dM}{dV_0}$ einen möglichst kleinen Wert annimmt, 2. die Gasverstärkung selbst einen hohen Wert hat und 3. der Absolutwert der Zählspannung eine technisch bedingte Größe nicht überschreitet. Alle drei Forderungen lassen sich nicht gleichzeitig optimal erfüllen, so daß eine Kompromißlösung gefunden werden muß. Bei vorgegebener Spannung V_0 entscheidet wegen des gleichläufigen Verhaltens von $\frac{dM}{dV_0}$ und M bei einer gegenläufigen Forderung der zulässige Aufwand an elektronischen Hilfsmitteln. Wählt man also M sehr groß, so werden hohe Anforderungen an die Konstanz der Spannungsquelle gestellt; macht man M und damit $\frac{dM}{dV_0}$ klein, so wird eine hohe äußere Impulsverstärkung notwendig. Die Begrenzung von V_0 führt zu einer Begrenzung des Füllfaktors. Sein Einfluß auf $\frac{dM}{dV_0}$ wird beim Vergleich der Kurven mit gleicher (700-facher) Verstärkung in den Abb. 3 a – c deutlich. Bei geringem Fülldruck und geringen organischen Zusätzen verläuft $\frac{dM}{dV_0}$ bei mäßiger äußerer Verstärkung sehr steil. V_0 liegt dann ebenfalls niedrig. In den Abb. 3 a und 3 b ist der Abstand der Halbwertshöhe der Proportionalkurven (Verstärkung 700 x, 7000 x) von der Kurve des Geigereinsatzes ebenfalls ein Maß für die Größe des Proportionalbereiches. Das wird von Bedeutung, wenn mit monoenergetischen Partikeln operiert wird und sich die Proportionalplateaus sehr rasch einstellen.

Aufgrund dieser Betrachtungen wurde in der Aufstiegssonde mit der Füllung b (180 T. Ar + 20 T. C_2H_4) und einer 7000-fachen elektronischen Verstärkung gearbeitet.

b) Die Impulsform.

Die Impulshöhe ist bedingt durch die Bewegung der Ladungsträger zu den Elektroden, die eine Aufladung der Kapazität des Zählers bewirken. Die Impulshöhe ergibt sich bei sehr hohem Außenwiderstand zu (s. z.B. (8)):

$$\Delta V = \frac{1}{V_o C} \int_{r_o}^{r} n \cdot e \cdot E \cdot dr$$

Für die positiven Ionen wird

$$V_+ = \frac{M \cdot n_o \cdot e \cdot \ln (r_a/r_o)}{C \cdot \ln (r_a/r_i)}$$

und für die Elektronen

$$V_- = \frac{M \cdot n_o \cdot e \cdot \ln (r_o/r_i)}{C \cdot \ln (r_a/r_i)}$$

n_o = Zahl der primären Ionenpaare

r_o = mittlerer Radius für die Lawinenbildung

r_a = Radius der Kathode

C = Kapazität am Zählrohr

Da die Gasverstärkung im wesentlichen im Bereich weniger freier Weglängen um den Draht erfolgt, zeigt sich, daß die von den Elektronen herrührende Impulshöhe höchstens einige Prozent von der der positiven Ionen ausmacht.

Unter der Voraussetzung, daß die Elektronen die Anode zu gleicher Zeit erreichen und daß die Geschwindigkeit der positiven Ionen linear von der Feldstärke abhängt, läßt sich der zeitliche Anstieg des Impulses angeben zu (9):

$$V(t) = \left[n_o Me/2C \ln(\frac{r_a}{r_i})\right] \ln(1 + t/t_o) = B\, n_o \ln(1 + t/t_o)$$

mit $t_o = \left[r_i^2 \ln(\frac{r_a}{r_i})\right] / \left[2\, V_o (K/p)\right]$

K/p = Beweglichkeit der positiven Ionen,

V_o = Arbeitsspannung.

Ist t größer als die Sammelzeit der positiven Ionen

$$t > \left[(\frac{r_a}{r_i})^2 - 1\right] t_o \quad \text{, so wird } V(t) \approx n_o Ne/C.$$

Der Verlauf des Anstieges wird flacher, wenn die primären Elektronen verschiedene Weglängen zum Draht zurücklegen müssen. Die extremen Fälle sind : Primärerzeugung

a) parallel und

b) radial zum Zähldraht.

Die gesamte Anstiegszeit wird durch die Laufzeit der positiven Ionen bestimmt und beträgt $10^{-4} \ldots 10^{-3}$ sec bei Gasverstärkungen von $10^4 - 10^5$. Gewöhnlich benutzt man nur einen Teil des Anstiegs durch geeignete Wahl des Übertragungsbereiches des hinter dem Zähler folgenden Verstärkers und variiert den Ableitwiderstand zwischen einigen 10^3 und 10^7 Ohm. Es lassen sich dann leicht Impulse von 10^{-6} sec Dauer verwenden, bei geringen Gasverstärkungen auch solche von 10^{-8} sec. In unserem Sondengerät werden Impulse von maximal 10μsec Dauer erzeugt. Soweit es das Auflösungsvermögen zuläßt, kann man bis zu einem Grenzwert durch längere Impulse an Amplitude gewinnen und vermeidet Fehler infolge streuender Anstiegszeiten. Die Proportionalität bleibt auch hier erhalten.

c) Die Abhängigkeit der Impulshöhe vom Einstrahlungsort.

Eine Untersuchung derselben war notwendig, da sie eine zusätzliche Verbreiterung einer Ionisationsverteilung bewirkt. Die Impulshöhe wurde als Funktion des Bahnverlaufs des Primärteilchens mit einem senkrecht zur Achse geschlitzten Zählrohr gemessen. Über diesen Schlitz konnte ein Po-α-Präparat mit enger Bündelung kontinuierlich verschoben werden, so daß folgende Grenzfälle untersucht werden konnten:

a) Einstrahlung radial zur Anode,

b) Einstrahlung im Abstand d/2 eng entlang einer Seite des quadratischen Rohres.

Die Weglänge und damit die Primärionisation der α -Teilchen blieb im Zähler in jedem Falle konstant wegen des rechteckigen Querschnittes. Bei der Messung betrug die Anstiegszeit des Verstärkers etwa $1,7 \cdot 10^{-6}$ sec.

Die Amplituden der Proportionalimpulse wurden über einen Oszillographen photographisch registriert. Ihre wahrscheinlichste Größe wird durch die Lage des Maximums der Verteilung gegeben. Verschiebungen dieses Maximums bei variabler Präparatstellung bedeuten eine Abhängigkeit vom Einstrahlungsort. Derartige Meßergebnisse gibt Abb. 4 wieder. Kurve a gilt für eine Füllung mit 90 Torr Ar und 10 T. C_2H_4 und Kurve b für eine solche mit 180 T. Ar und 20 T. C_2H_4.

Der Durchmesser der Anode betrug wieder 0, 005 cm, eine Seitenlänge der Kathode 3, 8 cm. Bei Kurve b betrugen die Abweichungen des Maximums von einem konstanten Wert höchstens 1 %. Die Einsattelung in der Umgebung der radialen Einstrahlung läßt sich bei Kurve a wahrscheinlich durch die Verteilung der Anstiege der eigentlichen Zählrohrimpulse erklären. Dieser Effekt wurde für besonders kurze Zeitkonstanten des Verstärkers an runden Proportionalzählern von Hurst und Ritchie (9) berechnet. Ein Vergleich mit ihren Ergebnissen läßt allerdings nur einen Effekt von 1 bis 2 % erwarten.

Eine andere Möglichkeit der Deutung bestünde in einer erhöhten Rekombinationswahrscheinlichkeit bei radialer Einstrahlung. In diesem Falle treffen Elektronen und Ionen häufiger auf ihren Wegen aufeinander als dies bei einer Einstrahlung in größerem Abstand von der Anode möglich ist, da dort Elektronen und Ionen sofort getrennt werden.

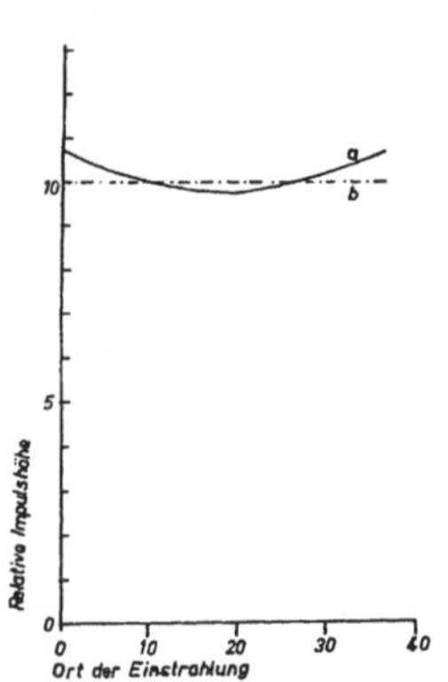

Abb. 4 Abhängigkeit der Impulshöhe vom Einstrahlungsort bei quadratischem Zählerquerschnitt

Füllung:

a) 90 Torr Ar + 10 Torr C_2H_4

b) 180 Torr Ar + 20 Torr C_2H_4

Abb. 5 gibt Messungen an Füllungen mit verschiedenen Luftzugaben wieder. Eine deutliche Abnahme der Amplitude der vom Draht

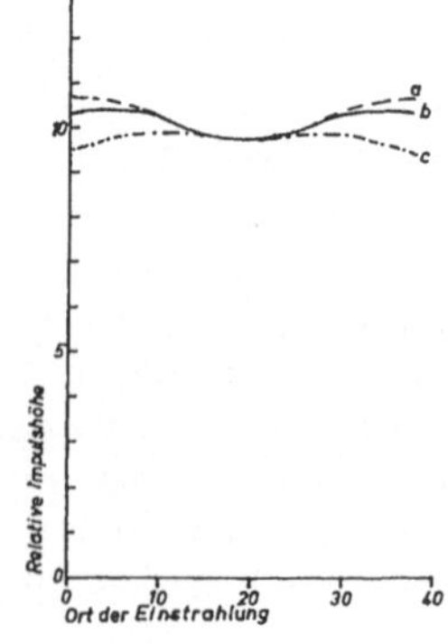

Abb. 5 Abhängigkeit der Impulshöhe vom Einstrahlungsort bei quadratischem Zählerquerschnitt mit Luftzusätzen.

Grundfüllung:

90 Torr Ar + 10 Torr C_2H_4

a) 2 Torr Luft
b) 10 Torr Luft
c) 50 Torr Luft

entferntesten Bahnen zeigt sich schon bei geringen Zusätzen, wie man aus einem Vergleich mit Abb. 4 Kurve a ersehen kann. Dieser Effekt wird verursacht durch die Anlagerung von Elektronen an Sauerstoffatome. Als Folge tritt sowohl eine erhöhte Rekombination auf als auch eine Verflachung des Impulsanstieges wegen der geringen Wanderungsgeschwindigkeit der negativen Ionen. Zudem beobachtet man eine deutliche Verbreiterung der Amplitudenverteilung.

d) Die Auswirkung ungleicher Bahnlängen auf ein Ionisationsspektrum.

Die Messung der Ionisation von Teilchen der Ultrastrahlung ist wegen der Winkelverteilung der Richtungen stets mit einer Verbreiterung der Impulsspektren infolge verschiedener Längen ℓ der Partikelbahnen im Proportionalzähler verbunden. Die primäre Ionisation steigt etwa proportional mit der Schichtdicke an. Die differentielle Häufigkeitsverteilung der Bahnlängen $W(\ell)$ errechnet sich bei einem Teleskop aus dem Produkt aus der effektiven Fläche und dem Raumwinkelelement mit den Winkeln γ und $\gamma + d\gamma$ gegen die Vertikale nach der Integration über den Azimutwinkel δ (in üblichen Polarkoordinaten). Die Bahnlänge hängt bei rechteckigen Zählern mit dem Winkel γ durch die Beziehung $\ell = h/\cos\gamma$ zusammen, wobei h die Bahnlänge für senkrechten Einfall ist ($\gamma = 0$). Das gilt direkt für eine isotrope Strahlungsverteilung. $W(\ell)$ kann jedoch für die $\cos^2\gamma$ -Abhängigkeit der Ultrastrahlung am Boden leicht berechnet werden, wenn die genannte Produktfunktion bekannt ist. Eine derartige Verbreiterungsfunktion wird in § 17 zur Berechnung des μ -Mesonenspektrums benötigt und in Abb. 32 d dargestellt.

§ 3) Schwankungserscheinungen der Proportionalimpulse. Die Gasverstärkung.

Im letzten Abschnitt wurden die apparativen Einflüsse auf die mittlere oder die wahrscheinlichste Höhe an Impulsen bei konstanter Primärionisation behandelt. Tatsächlich erhält man aber von vornherein für Teilchen einheitlicher Energie, Masse und Ladung kein Linienspektrum, sondern breite Impulsverteilungen um die Durchschnittswerte. Hierauf soll im folgenden näher eingegangen werden.

Schwankungen der Impulsgröße können durch die der Primärionisation, durch unterschiedliche Ausbildung der einzelnen Townsend-Lawinen und auch durch Schwankungen von Elektronenanlagerungen verursacht werden. Die letzte Möglichkeit kann unberücksichtigt bleiben, soweit Gase verwendet werden, bei denen die Anlagerungswahrscheinlichkeit sehr gering ist. Zu diesen Gasen gehören vornehmlich die Edelgase. Die Gasverstärkung M stellt erwartungsgemäß einen Mittelwert dar. Eine Streuung der primären Ionisation (s. § 4) tritt auch bei völlig homogener, monoenergetischer auslösender Strahlung auf. Sie erklärt sich aus der meist geringen Zahl der primären Ionenpaare unmittelbar entlang der Teilchenbahn und aus der schwankenden Energieübertragung beim Einzelstoß. Letztere ist maßgebend für die Ausbildung der δ -Strahlen und der sekundären Ionisationen.

Diese Streuungen der primären Ionisation werden ausführlich in § 4 behandelt. In diesem Abschnitt folgen Betrachtungen über die Schwankungen der Gasverstärkung.

Das mittlere Schwankungsquadrat σ^2 der gemessenen Impulshöhe berechnet sich aus dem Schwankungsquadrat der Primärionisation σ^2_{prim} und dem des Verstärkungsfaktor σ^2_M zu (10)

$$\sigma^2 = \sigma^2_{prim} \cdot M^2 + \bar{n}_{prim} \cdot \sigma^2_M$$

$\bar{n}_{prim}$ ist der Mittelwert der von homogener Primärstrahlung gebildeten Ionenpaare, M der Mittelwert des Gasverstärkungsfaktors.

Aus dieser Formel ersieht man, daß die Streuung der Primärionisation mit dem mittleren Gasverstärkungsfaktor multipliziert im Zählrohrimpuls erscheint, während die Streuung des Verstärkungsfaktors nur mit der Wurzel aus der Zahl der Primärionen multipliziert eingeht, d.h. bei höherer Primärionisation vermindert sich die relative Streuung der Gasverstärkung, wenn sie auch absolut zunimmt.

Zur Erfassung des Einflusses der Gasverstärkung auf die Form eines Ionisationsspektrums muß man diejenige Ausgangsverteilung berücksichtigen, die zu erwarten ist, wenn die Eingangsimpulse stets aus der gleichen Anzahl ν von Primärelektronen und -ionen bestehen.

Nach Sauter (10) läßt sich diese Verteilung wie folgt angeben:

$$a_n = {}^{(e)}N_\nu \left(\frac{1-\beta}{\beta}\right)^\nu \beta^n \binom{n-1}{\nu-1}, \quad n > \nu, \quad \beta = 1 - \frac{1}{M}$$

Für große n gilt näherungsweise

$$a_n = {}^{(e)}N_\nu \frac{1}{(\nu-1)!\, M} \left(\frac{n}{M}\right)^{\nu-1} \exp\left(-\frac{n}{M}\right)$$

Der Mittelwert der Verteilung liegt erwartungsgemäß bei

$$(a)_{\overline{n}} = \nu \cdot M$$

Der wahrscheinliche Wert ergibt sich zu $n_w = (\nu - 1) \cdot M$

(${}^{(e)}N_\nu$ = Zahl der Eingangsimpulse, bestehend aus ν Elektronen und Ionen, a_n Anzahl der Ausgangsimpulse, welche aus n Elektronen bestehen).

§ 4) Verbreiterung der Impulsverteilungen durch Ionisationsfluktuationen.

Beim Durchgang eines schnellen Teilchens durch die Materie streut die Energieabgabe bei jedem Einzelstoß mit den Atomen bzw. deren Elektronen stark um einen mittleren Wert. Diese Schwankungen wurden für die Gesamtionisation von Landau (11) und später von Blunk und Leisegang (12) theoretisch behandelt. In der zweiten Arbeit werden im Gegensatz zur ersten die quantentheoretischen Resonanzstellen berücksichtigt. Aus Experiment und Theorie ergibt sich, daß der wahrscheinlichste Energieverlust Δ_o nicht mit dem mittleren Energieverlust zusammenfällt. Mit Erweiterung des Landauschen Ausdrucks für Partikel mit beliebiger Ladung wird

$$\Delta_o = \frac{\eta z^2}{(\frac{v}{c})^2} \left[\ln \left\{ \frac{3 \cdot 10^3 \cdot \eta \cdot z^2}{Z^2 (1 - \frac{v^2}{c^2})} \right\} + 1 - \frac{v^2}{c^2} \right] \left[\mathrm{eV} \right]$$

$$\eta = \frac{1,54 \cdot 10^5 \cdot \mu \cdot \Sigma Z}{\Sigma A} \left[\mathrm{eV} \right], \quad \xi = \frac{\eta \cdot z^2}{(\frac{v}{c})^2}$$

$z \cdot e$	Ladung des Teilchens
v	Geschwindigkeit des Teilchens
m	Masse des Elektrons
ΣZ	Summe der Kernladungszahlen des Stoffes
ΣA	Summe der Atomgewichte des Stoffes
μ	Masse der Materieschicht in g/cm^2
c	Lichtgeschwindigkeit

Die Wahrscheinlichkeit eines Energieverlustes zwischen Δ und $\Delta + d\Delta$ wird nach Landau durch

$$f(x, \Delta, \Delta_o)\, d\Delta = \varphi\left(\frac{\Delta - \Delta_o}{\xi}\right) d\left(\frac{\Delta - \Delta_o}{\xi}\right)$$

gegeben, wobei φ eine einheitliche Verteilungsfunktion des Energieverlustes für alle Substanzen und beliebige Teilchen darstellt, wenn Δ in Einheiten von $(\Delta - \Delta_o)/\xi$ ausgedrückt wird. Sie wurde von Landau zusammen mit der integralen Verteilung

$$\psi = \int_{\frac{\Delta - \Delta_o}{\xi}}^{\infty} \varphi \cdot d\left(\frac{\Delta - \Delta_o}{\xi}\right)$$

numerisch dargestellt (s. Abb. 6).

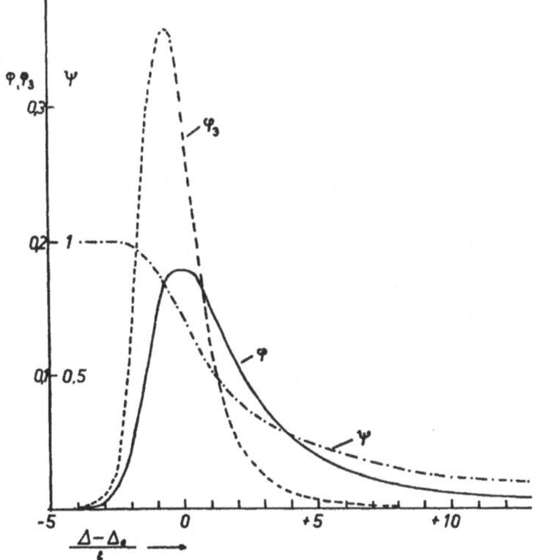

Abb. 6 Landau-Verteilung
ψ integrales Spektrum
φ differentielles Spektrum
φ_3 differentielles Spektrum mit Auswahl

Δ_o entspricht dem Abszissenwert 0 und liegt sehr unsymmetrisch im Bereich kleiner Werte von Δ ; der mittlere Energieverlust liegt bei etwa $(\Delta - \Delta_o)/\xi = 1$. Besonders der lange Ausläufer der großen Ionisationsverluste trägt zur Verbreiterung der Spektren bei. Verwendet man anstatt einer Meßanordnung gleichzeitig mehrere und wählt jeweils den kleinsten gemessenen Wert von Δ , so wird dieser mit größerer Wahrscheinlichkeit unterhalb von Δ_o der einfachen Anordnung liegen. Da hier die Verteilung relativ steil ist, erhält man durch diese Auswahl Ionisationsverluste, die dicht beim wahrscheinlichsten Wert liegen. Die großen Energieverluste werden um so mehr unterdrückt, je höher der Grad der Auswahl ist. Für die Berechnung der Häufigkeit mit Auswahl des kleinsten von n Impulsen wird von Bayard Rankin (vgl (13)) folgende Formel angegeben:

$$p(\Delta)\, d\Delta = n \cdot f(\Delta) \left[1 - \int_0^{\Delta} f(\delta)\, d\delta\right]^{n-1} d\Delta$$

Dieser Ausdruck für $p(\Delta)$ läßt sich umformen in

$$p(\Delta)\, d\Delta = n \cdot f(\Delta) \left[\int_{\Delta}^{\infty} f(\delta)\, d\delta\right]^{n-1} d\Delta$$

f = Landau-Verteilung

bzw.

$$p(x, \Delta)\,d\Delta = n\varphi\left(\frac{\Delta-\Delta_0}{\xi}\right) \cdot \psi^{n-1}\left(\frac{\Delta-\Delta_0}{\xi}\right) d\left(\frac{\Delta-\Delta_0}{\xi}\right) = \varphi_n\left(\frac{\Delta-\Delta_0}{\xi}\right) d\left(\frac{\Delta-\Delta_0}{\xi}\right)$$

Die Funktion φ_n wird in Abb. 6 für $n = 3$ graphisch dargestellt. Man sieht sofort, daß diese Kurve wesentlich schlanker wird als die für φ und daß die Ionisationswahrscheinlichkeiten für $(\Delta - \Delta_0)/\xi > 8$ verschwindend gering werden. Das Maximum von φ_3 ist nur wenig gegen das von φ nach kleineren Δ verschoben. Diese Auswahl ist für die Trennung der Protonen und α-Teilchen entscheidend.

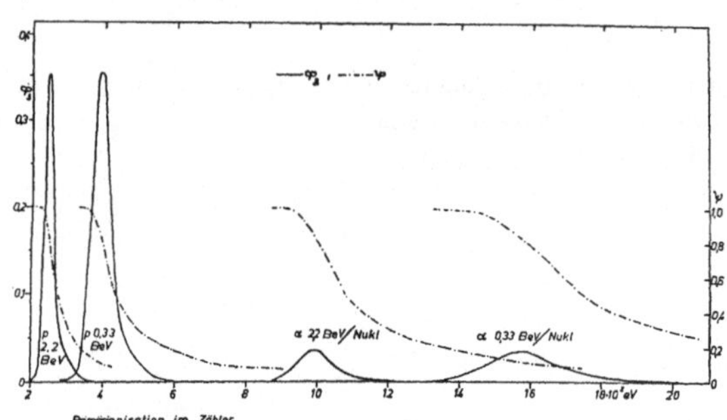

Abb. 7 Ionisationsverteilungen von Protonen und α-Teilchen verschiedener Energien.

Abb. 7 zeigt die Ionisationsverteilungen von Protonen und Heliumkernen mit kinetischen Energien von je 2, 2 und 0, 33 BeV/Nukleon. Die Ordinaten der differentiellen Kurven wurden entsprechend den zu erwartenden relativen Häufigkeiten gezeichnet. Wie sich später zeigen wird, stellen diese Energien/Nukleon Grenzfälle dar; bei 2, 2 BeV/Nukl. hat die spezifische Ionisation ihr Minimum, und ein Wert von ca. 0, 33 BeV/Nukl. wird als apparative Abschneideenergie gewählt werden müssen. Ohne Auswahl ist eine Trennung der schnellen α-Teilchen von den langsamen Protonen (0, 33 BeV) nur sehr bedingt möglich (vgl. ψ-Kurven). Hingegen ist mit Auswahl des kleinsten Impulses von drei gleichzeitigen Messungen durchaus eine solche zu erwarten (vgl. φ_3-Kurven).

§ 5) Die Beeinflussung des Ladungsspektrum durch die Energiespektren der Komponenten.

Zu der Beeinträchtigung der Auflösung im Ladungsspektrum infolge breiter Impulsverteilungen um einen festen Mittelwert kommt noch eine Verschiebung desselben in Abhängigkeit von der Teilchenenergie. Bei einem breiten zu untersuchenden Energiespektrum kann daher, wenn die spezifische Ionisation ein großes Intervall durchläuft, eine Trennung der Kerne verschiedener Ladung unmöglich werden. Der mittlere Energieverlust kann in grober Näherung durch

$$\frac{dE}{dx} = z^2 \cdot g(E, m) = z^2 \cdot f\left(\frac{p}{mc}\right)$$

dargestellt werden. (z = Ladungszahl, p = Impuls, m = Masse des Teilchens).

Damit reduziert sich der Verlauf von $\frac{dE}{dx}$ für die verschiedenen Partikel näherungsweise auf die eine Funktion $f(\frac{p}{mc})$. Wegen der besseren Vergleichsmöglichkeit wird in Abb. 8 nicht $f(\frac{p}{mc})$, sondern $\frac{dE}{dx}$ für μ-Mesonen, Protonen und α -Teilchen in Argon als bremsende Substanz gezeigt (vergl. (14)).

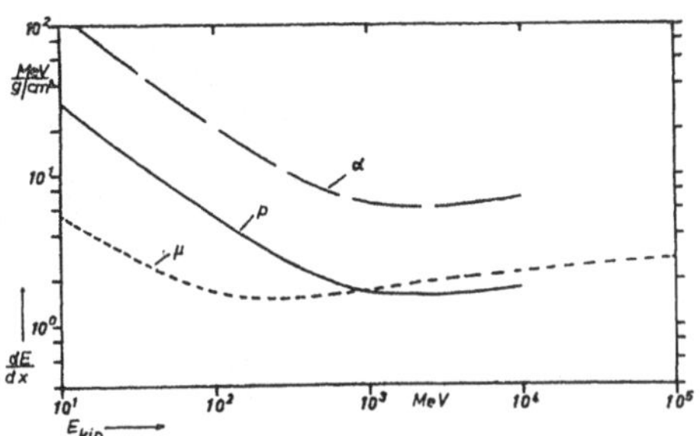

Abb. 8 Mittlerer Energieverlust von Protonen, α -Teilchen und μ -Mesonen infolge von Ionisation und Anregung in Argon. (14).

Das Primärspektrum beginnt nach der Störmerschen Theorie jeweils mit der geomagnetischen Abschneideenergie E_c, die für Weissenau bei ca. 2 BeV für Protonen ($\frac{p}{mc}$ = 3, o) liegt und erstreckt sich mit abnehmender Häufigkeit in Richtung großer Energien. Dieser Wert für E_c liegt ganz in der Nähe der Minimumsionisation, so daß das starke Ansteigen von $\frac{dE}{dx}$ bei kleinen Energien sich in der gemessenen Ionisationsverteilung nicht bemerkbar macht. Das gilt jedoch nur für die Primärstrahlung, während bekanntlich die geladenen Sekundärteilchen ein starkes Maximum der Häufigkeit bei ca. 140 g/cm² aufweisen. Sie übertreffen schon bei geringen atmosphärischen Tiefen die Primärstrahlung (15) (s. Abb. 9).

Das Energiespektrum der registrierten Teilchen dieser Komponente wird infolge ihrer Absorption in der Apparatur bei einer bestimmten Energie E_{min} abgeschnitten. Wenn keine anderen Absorber außer den Zählrohrwänden wirksam sind, kann sich die mittlere Ionisation bis zum ca. 20-fachen Wert der Minimumsionisation erstrecken. Damit ergibt sich ein breites Überschneiden dieser Werte von $\frac{dE}{dx}$ mit denen relativistischer schwerer Kerne. Die Vermeidung dieser Mehrdeutigkeiten im Ladungsspektrum wird in § 6 b näher diskutiert.

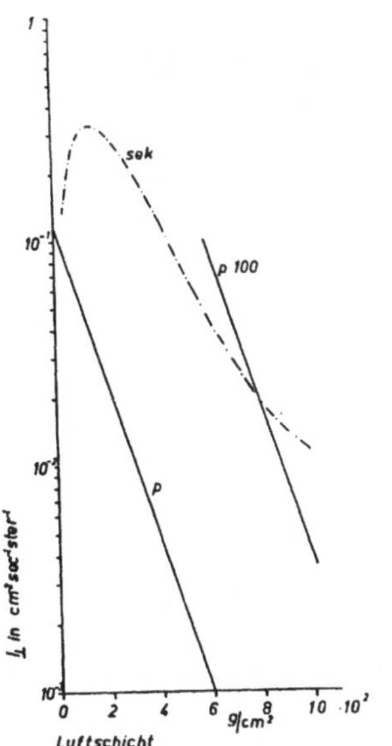

Abb. 9 Höhenabhängigkeit der weichen Strahlung und der Primärprotonen (15).

C. Experimentelle Ausführung

I) Das Aufstiegsgerät

§ 6) Forderungen an das Zählrohrgerät.

Nach den vorangegangenen Überlegungen werden an das Teleskop folgende Anforderungen gestellt :

a) Die Länge der Ionisationsbahnen der Ultrastrahlungsteilchen muß in den Proportionalzählern innerhalb eines bestimmten Bereiches liegen, damit die Verbreiterung der Primärionisation im Zähler die Trennung der Teilchen mit verschiedener Kernladung nicht unmöglich macht. Hieraus ergibt sich eine Beschränkung des Gesichtsfeldes.

Eine zu starke Einengung setzt aber die statistische Meßgenauigkeit in unerwünschter Weise herab, so daß ein Optimum gesucht werden muß, damit bei sicherer Trennung der Protonen von den α -Teilchen eine möglichst große Meßgenauigkeit erzielt wird. Die erforderliche Ausblendung wird durch zwei Lagen von Geigerzählern in Koinzidenzschaltung realisiert, die sich oberhalb und unterhalb der Proportionalzähler befinden. Das Verhältnis von Länge bzw. Breite dieser GM-Zähler zum Lagenabstand bestimmt die maximale Verbreiterung. Gleichzeitig ergibt sich mit dieser Anordnung die räumliche Ausblendung aus der isotropen Verteilung der Ultrastrahlung in großen Höhen und der $\cos^2\gamma$ -Verteilung am Erdboden.

Außerdem empfiehlt sich die Verwendung von Zählrohren mit rechteckigem Querschnitt, die eine größere nutzbare Fläche mit etwa gleicher Bahnlänge für vertikalen Einfall bieten als solche mit kreisförmigem Querschnitt.

b) Wie in § 5 erörtert wurde, hängt die mittlere spezifische Ionisation $\frac{dE}{dx}$ von der Partikelenergie ab. Besonders bei langsamen Teilchen steigt $\frac{dE}{dx}$ mit abnehmender kinetischer Energie stark an. (Siehe Abb. 8). Für Protonen wird bereits bei $E_{kin} = 80$ MeV die Primärionisation ebenso groß wie die der relativistischen α -Teilchen. Daraus ergibt sich, daß eine Energiediskriminierung vorgenommen werden muß. Dies geschieht am einfachsten mit Hilfe eines geeigneten Absorbers. Eine andere Methode besteht in der Verwendung eines Cerenkovzählers, der durch die Wahl des Brechungsindex' des Luminators die Festlegung einer Geschwindigkeitsschwelle gestattet. Da ein Cerenkovzähler ungleich aufwendiger und empfindlicher ist als ein massiver Absorber, wurde letzterer in das Teleskop eingebaut.

c) Ein gleichzeitiges Durchdringen von mehr als einem Teilchen durch die Proportionalzähler ergibt entsprechend höhere Ausgangsimpulse und kann schwerere Kerne vortäuschen. Die Häufigkeit schwerer Kerne liegt ohnehin erheblich unterhalb derjenigen einfach geladener Partikel und kann schon durch eine Zählrate von Schauern, die relativ zur Protonenhäufigkeit geringfügig ist, entscheidend verfälscht werden. Man muß also durch zusätzliche Maßnahmen die Registrierung von Schauern verhindern. Bei dem im folgenden beschriebenen Teleskop befinden sich unterhalb der Proportionalzähler mehrere dünne Geigerzähler, die über eine Antikoinzidenzschaltung solche Messungen auslöschen, die von einer Auslösung von mehr als einem dünnen Zählrohr begleitet sind. Diese Anordnung ist ebenfalls wirksam bei Schauerauslösung innerhalb des Teleskops oberhalb des Schauerselektors. Zusätzliche Zähler seitlich der Proportionalrohre, die eine Antikoinzidenz verursachen, sobald sie überhaupt ansprechen, erlauben eine weitergehende Unterdrückung großer seitlich einfallender Schauer.

d) Den Ausführungen in § 4 zufolge ist die Verwendung mehrerer Proportionalzähler mit anschließender Auswahl des kleinsten Impulses ratsam zur Einengung der Ionisationsfluktuationen. Bei dem hier verwendeten Teleskop wurden drei solche Zähler eingebaut.

§ 7) Ausführung des Zählrohrteleskopes.

Zur Einschränkung der Ionisationsverbreiterungen wurden folgende Grenzen und Daten angenommen

a) $\Delta \ell_{max} = 10\,\%$ b) $(\frac{dE}{dx})_{max} = 2,5 \frac{MeV}{g/cm^2}$

für langsame Protonen.

Da sich die Gesamthöhe des Teleskopes zu 26, 0 cm ergab, wurde die effektive Länge zu 12, 0 cm bestimmt. Die Breite des Teleskopes wird durch die der Proportionalzähler mit 3, 8 cm gegeben. Zur Verbesserung des Auflösungsvermögens des Gerätes wird diese Breite nicht mit einem einzigen Geigerzähler belegt, sondern mit zwei eines Innendurchmessers von 1, 9 cm; sie arbeiten jeweils auf denselben Eingang der Elektronik.

Unter den drei Proportionalzählern befindet sich der aus vier Geigerzählern bestehende Schauerselektor (s. Abb. 10).

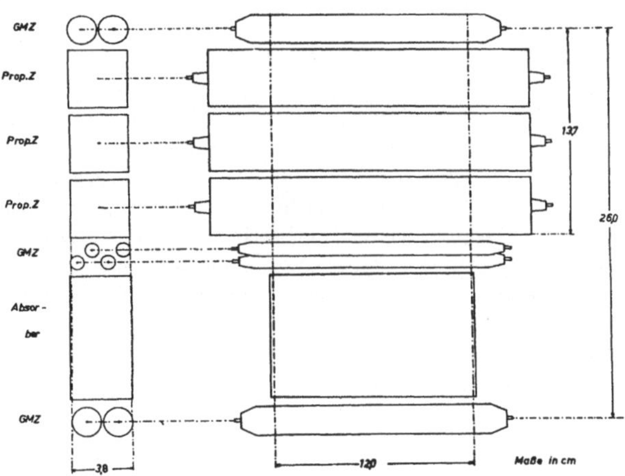

Abb. 10 Aufbau des Zählrohrteleskops

Darunter ist der Absorber mit zwei weiteren GM-Zählern angeordnet; er besteht aus 72, 0 g/cm^2 geschmiedeten Kupfers. Die Gesamtabsorption wird durch 0, 75 cm Messing der Zählrohrwände, 8, 2 cm Kupfer und 3, 5 cm Siliconkautschuk gebildet. Das sind in Gramm pro cm^2 ausgedrückt 79, 4 g/cm^2. Kupfer und Messing und 3, 2 g/cm^2 Silicongummi, also zusammen 82, 8 g/cm^2. Diese Absorberdicke verhindert eine Registrierung von Protonen, deren kinetische Energie kleiner als 320 MeV ist und von μ -Mesonen mit kinetischen Energien kleiner als 160 MeV. Die Materieschicht bis zum Erreichen des unteren der drei Proportionalzähler beträgt ca. 6,3 g/cm^2.

Daten der Zählrohre

a) Die Proportionalzähler mit quadratischem Querschnitt haben eine innere Breite von 3,8 cm, eine Drahtlänge von 17,0 cm und einen Drahtdurchmesser von 0,005 cm. Sie sind mit 180 Torr Argon und 20 Torr Äthylen gefüllt und wurden an einer Spannung von 1070 V betrieben.

b) Die Geigerzähler haben einen kreisförmigen Querschnitt und eine Drahtlänge von 12,8 cm. Das Plateau aller Geigerzähler wurde so eingestellt, daß alle bei der gleichen Spannung von 1040 V betrieben werden konnten. Zu diesem Zweck hatte die 2 cm-Type, die zur räumlichen Ausblendung dient, einen Drahtdurchmesser von 0,005 cm und eine Füllung von 85 Torr Argon und 15 Torr Äthylen. Die 1 cm-Type des Schauerselektors wurde mit einem Draht von 0,010 cm Durchmesser ausgerüstet und mit 80 Torr Argon und 20 Torr Äthylen gefüllt. Das Geigerplateau dieser Rohre beträgt ca. 150 V, das der 2 cm-Type nahezu 300 V. Die Kathoden der 1 cm-Rohre bestehen aus Kupfer, die aller anderen Zählrohre aus Messing.

§ 8) Das Übertragungsverfahren.

Bei Ausschwebeaufstiegen muß damit gerechnet werden, daß das Ballongespann über weite Strecken treibt und verloren geht. Daher entfallen alle Registriermethoden, die ein Wiederauffinden des Gerätes voraussetzen. Die bekannten Transmissionsverfahren, die in der Meteorologie und meist in einfacheren Ultrastrahlungssonden Anwendung finden, gestatten lediglich die Übertragung langsam veränderlicher Größen, wie Druck, Temperatur, Strahlungswerten größerer Zeitkonstanten u.a.. Die Impulse der verschieden stark ionisierenden Partikel treten jedoch völlig sporadisch und kurzzeitig auf, sind also nicht zu einer vorgegebenen Zeit meßbar, wenn die Zeitauflösung nicht sehr schlecht sein darf. Eine direkte Registrierung der Proportionalimpulse mittels eines Oszillographen und Filmes innerhalb der Aufstiegssonde würde die zeitlichen Möglichkeiten eines Einsatzes des Gerätes in großen Höhen unzulässig stark einengen, denn das notwendige Auffinden der Gondel mit dem Registrierfilm ließe nur Aufstiege bei extrem günstigen Witterungsbedingungen zu. Das Risiko eines Totalverlustes ist beim Abtreiben der Ballone über die Staatsgrenzen oder in Gebirge sehr groß.

Aus diesen Gründen wurde ein Funkübertragungsverfahren entwickelt, das die Registrierung jedes gemessenen Ereignisses der Ultrastrahlung in der Ballonapparatur unmittelbar am Erdboden gestattet.

Wenn die Schwankungen der Feldstärke das Meßergebnis am Boden nicht beeinflussen sollen, ist eine Amplitudenmodulation nicht anwendbar. Aus diesem Grunde werden innerhalb der Sonde die Impulse verschiedener Amplituden in Rechteckimpulse umgewandelt, deren Dauer ein Maß für die spezifische Ionisation ist. Mit diesen Zeichen kann dann ein UKW-Sender hell oder dunkel gesteuert werden. Das bringt zudem den Vorteil einer hundertprozentigen Modulation ohne Verzerrungen mit sich, so daß die Einstellungen an der Empfangsapparatur weitgehend unkritisch werden.

Eine Helltastung des Senders hat zwar den großen Vorzug, hohe kurzzeitige Sendeleistungen zu ermöglichen bei geringem Aufwand an Batterien, bringt aber auch einige bedeutende Nachteile gegenüber der Dunkeltastung mit sich. Letztere gestattet die Verwendung eines Empfängers mit automatischer Verstärkungsregelung und Messung der Eingangsfeldstärke; auch eine exakte Abstimmanzeige läßt sich verwenden. Diese Vorteile ermöglichen eine leichte Überwachung der Empfangsanlage, sowie eine einfache Anpeilung des Senders.

§ 9) Die Elektronik der Sonde.

Die wesentlichen Bestandteile des Gerätes sind das Teleskop, der Proportionalteil, der Geigerteil, der Impulsumformer und der Sender. Abb. 11 zeigt ein Prinzipschaltbild der Anlage.

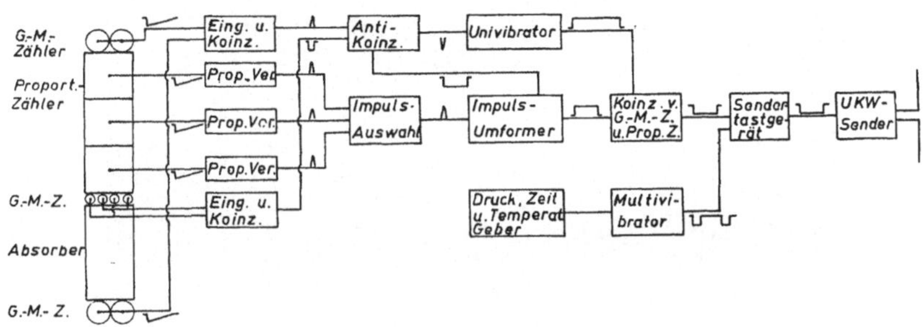

Abb. 11 Prinzip-Schaltbild des Aufstiegsgerätes.

a) Zunächst soll der Proportionalteil beschrieben werden. Die von den drei Proportionalzählern kommenden Impulse erfahren in drei getrennten Spannungsverstärkern eine ca. 7000-fache Verstärkung, außerdem eine Impulsschärfung und Formung. Diese Ausgangsspannungen werden auf eine Diodenschaltung nach Igo und Eisberg (13) gegeben, die automatisch den kleinsten der drei Impulse auswählt. Diese Auswahl wurde in § 4 begründet. Anschließend werden die nur wenige Mikrosekunden dauernden Meßsignale proportional der Spannungshöhe in Rechteckimpulse verlängert. Die maximale Dauer beträgt ca. 3 msec (s. Schema in Abb. 12). Diese Zeichen bedürfen noch eines von den Geigerzählern und der zugehörigen Elektronik kommenden Durchlaß-Impulses, um weitergeleitet werden zu können. Ergibt sich hierbei eine Koinzidenz, so laufen diese transformierten Proportionalimpulse über eine weitere Impulsmischstufe zur Sendertaststufe. Die eben genannte Mischstufe dient zur Einblendung der periodischen Signale, die vom Druck- und Temperaturgeber kurzzeitig kommen. Bei nachfolgenden Geräten wird die Koinzidenz der Proportional- mit den Geigerimpulsen bereits vor der Verlängerung in die Aus-

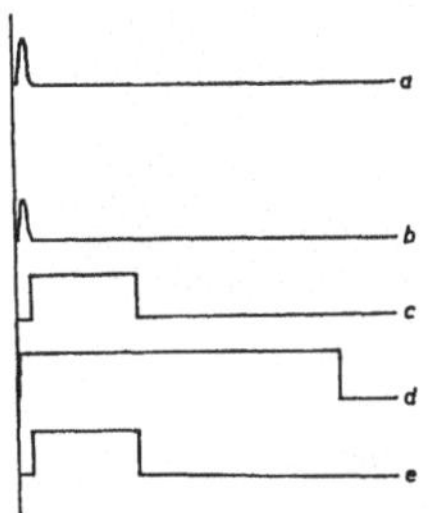

Abb. 12 Schema der Impulsfolgen des ersten Gerätes :

a) GMZ-Koinzidenz

b) Kleinster Proportionalimpuls

c) Transformierter Proportionalimpuls

d) Durchlaßimpuls

e) Ausgangsimpuls

Abb. 13 Aufbau des Aufstiegsgerätes

a Druck- und Temperaturgeber
b Elektronik f. d. Geigerzähler
c Senderbatterie
d Hochspannungsbatterie
e Heizakkus
f Proportionalverstärker
g Steuerteil für Dauermodulation (s. § 10)
h Teleskop
i Impulsumformer

Abb. 14 Äußere Gondel für die Ausnutzung des Treibhauseffektes.

wahlschaltung für den kleinsten Impuls gelegt. Es ergibt sich dann ein noch besseres Auflösungsvermögen. (Einzelheiten siehe § 11).

b) Der Geigerteil. Signale der Proportionalzähler werden aus Gründen der räumlichen Ausblendung, die ein Durchdringen des Absorbers verlangt und eine Bahnverlängerung im Teleskop über einen vorgegebenen Betrag verbietet, nur dann gezählt, wenn gleichzeitig die obersten und untersten Geigergruppen ansprechen. Es wird also insgesamt eine Fünffach-Koinzidenz verlangt, bestehend aus zwei Geiger- und drei Proportional-Impulsen. Die erste Geigerkoinzidenz kann jedoch unterdrückt werden und zwar dann, wenn zwei der Schauerselektorzähler ansprechen. Eine Antikoinzidenzschaltung bewerkstelligt dies zusammen mit geeignet geformten Impulsen. Wie schon erläutert, soll hierdurch ein Vortäuschen schwerer Kerne verhindert werden, das infolge der gleichzeitigen Traversierung mehrerer Teilchen im selben Moment geschehen kann, also durch einen Schauer. Der Anteil der zufälligen Koinzidenzen wird in § 11 angegeben.

c) Einige Bemerkungen zur Kennlinie des Ionisationsmeßzweiges: Kerne mit verschiedener Kernladung z sollen in der Registrierung möglichst getrennt wiedergegeben werden. Weiterhin besteht das Ziel, dies bis zu höheren Werten von z zu erreichen. Da die spezifische Ionisation proportional dem Quadrat der Kernladung ist, muß also der Aussteuerbereich der Meßapparatur sehr groß sein, wenn die Kennlinie linear verläuft. Kennlinien, die proportional der Wurzel der Eingangsspannung oder dem Logarithmus verlaufen, sind daher geeigneter. Bei der hier entwickelten Sonde, die hauptsächlich zur Registrierung der primären Protonen und α-Teilchen gebaut wurde, verläuft die Kennlinie bis zu etwa 2/3 des maximalen Ausgangswertes linear und geht dann über in einen etwa logarithmischen Verlauf.

Selbstverständlich ist ein genauer Gleichlauf der drei Proportionalzweige betreffs Amplitude, Phase und Bandbreite notwendig. Es müssen sowohl möglichst die Gasverstärkungen der Zählrohre gleich sein, als auch die Verstärker dieselben Eigenschaften haben. Ein geringer Ausgleich der Gasverstärkungen ist natürlich durch die nachfolgende Röhrenverstärkung möglich. Bei dem zum Aufstieg verwandten Teleskop liefen alle drei Proportionalzählrohre bei genau der gleichen Spannung, so daß die drei Spannungsverstärker auf gleiche Gesamtverstärkung eingestellt werden konnten.

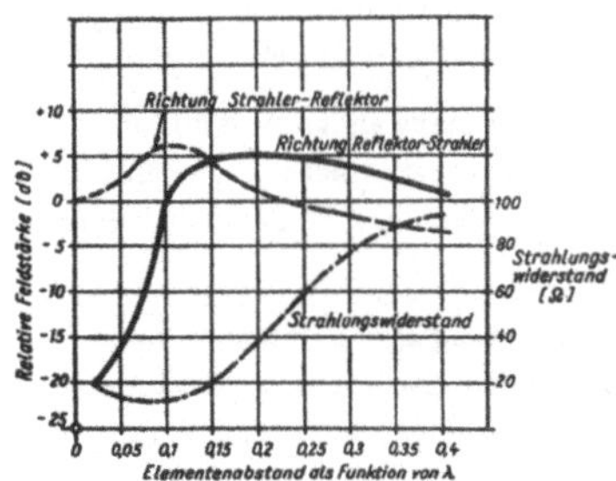

Abb. 15 Einfluß des Abstandes eines strahlungsgekoppelten Elementes auf die Leistungsverstärkung in eine bestimmte Richtung (16).

d) Der Sender ist ein in bekannter Gegentaktschaltung aufgebauter UKW-Sender mit einer Frequenz von 152,3 MHz mit einer abstrahlbaren Hochfrequenzleistung von ca. 2 Watt. Als Antenne wird ein Halbwellendipol verwendet. Um eine Rückwirkung des Senders auf die Meßanordnung zu verhindern, wurde dieser in eine getrennte kleine Gondel unterhalb der übrigen Apparate eingebaut. Die Zuführungen der Steuerimpulse sowie der Anodenspannung erfolgte über Drosselleitungen. Letztere erwiesen sich für die hohe UKW-Frequenz als genügend inaktiv, so daß eine Verzerrung der Dipolcharakteristik durch Wirkung als Reflektor oder Direktor ausschied. Zudem wurde der Abstand der gewendelten Leitungen vom Dipol gleich 3/8 λ gewählt, so daß zusätzlich mit einer geringen Einwirkung gerechnet werden konnte. (λ = Wellenlänge). Abb. 15 zeigt die Beeinflussung einer Dipolantenne in Abhängigkeit vom Abstand eines (abgestimmten) Stabes (16).

Beim Aufstieg wurden keine Feldstärkeschwankungen durch Rotationen des Ballongespannes bemerkt. Die Meßgondel selbst war durch eine doppelte Gesamtabschirmung gegen die Sendereinwirkung gesichert, bestehend aus einer verlöteten Kupferfolie innen und einer durch 2 cm Porosint getrennten Aluminiumfolie.

e) Allgemeine Gesichtspunkte zum Aufbau der Elektronik. Augrund der strengen Gewichtsbeschränkungen wurden nur Batterieröhren, meist moderne Subminiaturröhren mit geringen Heizleistungen verwandt. Manche Schwierigkeiten durch die normalerweise direkt geheizten Kathoden mußten in Kauf genommen werden.

Der Aufbau eines Teiles der Schaltung mit Transistoren war der entsprechenden Subminiaturröhrenschaltung betreffs Sicherheit, Aufbau, Gewicht und Kosten nicht überlegen und wurde daher nicht beibehalten.

f) Die Spannungsabhängigkeit der Signale. Der Einfluß der einzelnen Versorgungsspannungen auf die Proportionalimpulse wurde untersucht, damit man nötigenfalls bei kleinen Impulshäufigkeiten die Amplituden mit Hilfe der Entladungskurven der Batterien korrigieren kann. Die wichtigste Justiermöglichkeit besteht bei genügend großen Impulszahlen in der auftretenden Verschiebung des Maximums für Partikel der Ladung $z = 1$. Ferner wirken sich größere Temperaturschwankungen auf die Hochspannung und damit wiederum auf die Proportionalimpulse aus. Eine über einige Stunden ausgedehnte Registrierung am Boden mit Batteriespeisung zeigte jedoch keine nennenswerte Verschiebung bzw. Formänderung des Spektrums mit der Zeit.

§ 10 Zusatzgeräte und Hilfsmittel.

a) Als wichtigstes Gerät wäre an dieser Stelle der Druckgeber zu nennen. Wenn man das Problem der Tag- und Nacht-Variation der Ultrastrahlung zugrunde legt, so kommt es hierbei auf eine gute Zuordnung der einzelnen Ultrastrahlungsmessungen zu der noch darüber befindlichen Materie in g/cm^2 an. Das Ballongespann treibt beim Ausschweben nicht streng in einer ganz bestimmten Höhe, weshalb Korrekturen der Strahlungshäufigkeiten aufgrund von genauen Druckmessungen durchzuführen sind.

Bei der hier beschriebenen Sonde wurde ein System von zwei Druckdosen verwandt; einer Dose, die den gesamten Bereich vom Erdboden an umfaßt, aber bei geringem Druck keine sehr große Genauigkeit mehr aufweist und einer sogenannte Spätanlaufdose, die erst bei ca. 180 Torr einsetzt und dann bei Drucken von wenigen Torr noch gute Werte liefert.

Die gleichen Sende- und Empfangsgeräte dienten sowohl für die Übertragung der Ultrastrahlungsimpulse als auch für die der Druck- und Temperaturmessungen. Dieses Problem wurde in folgender Weise gelöst: Die Bewegungen der Druckdosen wurden auf Kontaktarme übersetzt, die sich um eine zentrale Achse auf einer Kreisbahn bewegten, indem sich die Winkel zu einem festen Bezugspunkt änderten. Neben den beiden Druckzeigern befand sich in diesem System ein von einem Bimetallstreifen bewegter Temperaturzeiger. Die Signalgebung selbst erfolgte durch einen konstant umlaufenden Kontaktarm, der die Kontakte mit den Meßzeigern je nach deren Stellung früher oder später herstellte. Ein voller Umlauf dauerte bei dem ersten Gerät ca. 30 Sekunden und brachte dementsprechend alle halbe Minute Druck- und Temperaturmessungen. Während der kurzen Zeit der Kontaktangabe wurde ein Rechteckimpulsgenerator mit ca. 80 Impulsen pro Sekunde in Tätigkeit gesetzt, der an geeigneter Stelle in die übrige Elektronik eingefügt war und den Sender ansteuerte.

Die Registrierung einer solchen Druckgeberperiode ist in Abb. 16 zu sehen. Je nach der eingestellten Dauer der Kontakte gehen einige Prozente der Registrierzeit für die Ultrastrahlung verloren. Die Bestimmung der Temperatur war besonders beim ersten Aufstieg im Innern der Sonde notwendig, da zu tiefe Temperaturen ein Versagen des Gerätes herbeiführen konnten.

Abb. 16 Muster der Registrierung einer Druckgeberperiode mit einigen Meßimpulsen.

b) Ein anderes kleines Zusatzgerät soll gleich anschließend erwähnt werden. Während des gesamten Fluges sind die Modulationen des Senders doch relativ selten bzw. kurzzeitig, was eine Ortung durch Richtungspeilung sehr erschweren kann. Solange die Empfangsfeldstärke genügend hoch ist, läßt sich eine Peilung mit Hilfe eines zweiten Überlagerers neben den Meßimpulsen gut durchführen. Um die Festlegung des Landeortes am Ende des Fluges zu erleichtern, wird der Sender beim Abstieg von etwa 3 km Höhe an durchgehend mit dem periodischen Impulsgenerator getastet.

Die Steuerung eines entsprechenden Kontaktes wird durch eine Druckdose bewirkt. Eine Peilung ist dann von der eigentlichen Bodenstation mit Hilfe eines Oszillographen oder nach dem Gehör gut durchführbar. Von einer zweiten beweglicnen Station wurden während des ganzen Fluges Peilungen vorgenommen.

c) Sprühen der auf Hochspannung liegenden Zählrohre und Leitungen bei niedrigen Drucken : Eine zunächst einfach erscheinende Radikallösung besteht in der Anwendung eines großen Druckbehälters, der die gesamte Meßgondel aufnimmt. Doch wurde hierauf verzichtet, weil mit folgender Methode erheblich an Gewicht eingespart werden konnte. Die unmittelbare Behebung des Sprühens wurde vorgenommen, indem die hochspannungsführenden Teile des Zählrohrteleskopes mit Silicongummi überzogen und zusätzlich gegen Oberflächenaufladungen des Gummis mit einer leitenden Schicht aus Silberleitlack versehen wurden. Die Hochspannung selbst wurde für die Geiger- und die Proportionalzähler einer Trokkenbatterie entnommen, die zunächst gut mit Paraffin vergossen und zusätzlich in einen leichten Ölbehälter gebracht wurde.

Desgleichen mußte der Sender auf Glimmentladungen geprüft werden. Es zeigte sich, daß der normal aufgebaute Sender zwischen 3 und 4 Torr zu glimmen begann. War die Verdrahtung etwas ungünstiger, so setzte diese Art der Entladung bereits bei 15 Torr ein. Die Anodengleichspannungen betrugen wie beim Aufstieg 160 bis 170 V. Durch das Glimmen wird der Sender stark gedämpft, so daß die abgestrahlte Energie absinkt. Außerdem ändert sich die Frequenz, wodurch ein Empfang von Meßsignalen kaum mehr möglich sein dürfte.

§ 11) Das Auflösungsvermögen der Apparatur und die zufälligen Koinzidenzen.

Die Ansprechwahrscheinlichkeit der Gesamtanlage wird durch mehrere Faktoren bestimmt :

a) die Dauer des von den Geigerzählern ausgelösten Durchlaßimpulses,
b) durch die Totzeit der ausblendenden Geigerzähler,
c) die Ausbeute der Geigerzähler,
d) die Trennbarkeit der von der Bodenapparatur auf den Registrierfilm geschriebenen Zeichen,
e) die übrigen Einflüsse wie Totzeit der Proportionalzähler mit Verstärker sind zu vernachlässigen.

Ad a) Die Dauer dieses Durchlaß-Impulses beträgt $3 \cdot 10^{-3}$ sec. Daraus ergibt sich im Maximum der Impulshäufigkeit mit 0, 3 Imp/sec eine Ansprechwahrscheinlichkeit von 0, 999 nach der Formel

$$\frac{f'}{f} = \frac{1}{1+\tau f} \qquad (\text{ f tatsächliche, f' gemessene Impulszahl, } \tau \text{ Totzeit})$$

Ad b) Die Ausfallzeit (Totzeit + Teil der Erholungszeit) wurde bei diesen Geiger-Zählern (2 cm Type) zu 110 μ sec bestimmt. Für isotrope Strahlung aus einem Halbraum läßt sich die Impulshäufigkeit nach der Formel

$$J = J_o \cdot \pi^2 \left(\frac{ld}{2} + \frac{d^2}{4}\right)$$

für ein zylindrisches Rohr mit der Länge l und dem Durchmesser d ermitteln.

Für die benutzten Zähler wird $J = 128\, J_o$. Im Strahlungsmaximum wird J_{max} = 50 Imp/sec und für eine Höhe entsprechend einem Druck von 12 Torr wird J_{pic} = 30 Imp/sec.
Hiermit ergibt sich die Ansprechwahrscheinlichkeit für die beiden Fälle zu

$$\left(\frac{f'}{f}\right)_{max} = 0,995 \qquad \left(\frac{f'}{f}\right)_{pic} = 0,997$$

Da zur Registrierung einer Messung zwei derartige GM-Zähler ansprechen müssen, gehen die Quadrate obiger Zahlen ein

$$\left(\frac{f'}{f}\right)^2_{max} = 0,990 \qquad \left(\frac{f'}{f}\right)^2_{pic} = 0,995$$

Ad c) Zur Auslösung eines Geigerzählers muß mindestens ein primäres Ionenpaar gebildet werden. Die Ausbeute ergibt sich zu

$$\varepsilon = 1 - e^{-j_p \cdot \rho \cdot l}$$

(j_p = primäre spezifische Ionisation, ρ = Dichte des Gases, l = Weglänge im empfindlichen Volumen)
Besteht eine Verteilung über verschiedene Weglänge, so muß für l ein Mittelwert eingesetzt werden. Das ist z. B. bei zylindrischen Zählrohren der Fall. $j_p \cdot \rho$ wird für Argon zu etwa 29, 4 cm^{-1} angegeben (17). Damit ergibt sich für die 2 cm GMZ-Type eine Ausbeute von 0, 9990.

Die entsprechende Verminderung liegt für die Proportionalzähler unter 10^{-16}.

Ad d) Der Filmvorschub der Bodenapparatur wurde so eingestellt, daß 100 Imp/sec auf dem Film aufgelöst werden konnten. Die Auflösung beträgt dann bei 0, 3 Imp/sec $\frac{f'}{f}$ = 0, 9970. Bei der Auswertung des Filmes nach dem Aufstieg stellte sich jedoch heraus, daß auch praktisch aufeinanderliegende Zeichen gut auszumessen waren wegen der stärkeren Schwärzung und der im allgemeinen verschiedenen Strichlängen. Aus diesem Grund kann eine Verminderung der Ansprechwahrscheinlichkeit, verursacht durch die Bodenapparatur, gänzlich vernachlässigt werden.

Zusammenfassend kann gesagt werden, daß am Erdboden die Ansprechwahrscheinlichkeit a), b) und c) zufolge 0, 9990, im Impulsmaximum 0, 988 und bei ca. 12 Torr 0, 993 beträgt. Diese Werte sind bereits untere Grenzen, da die GMZ unterhalb des Absorbers eine beträchtlich geringere Impulszahl aufweisen als die obersten Zähler des Teleskops.

Wirksamkeit der Schauerelimination.

Bei Schauern größerer Teilchenzahl ist das Auftreten einer Antikoinzidenz mit Sicherheit zu erwarten, soweit es sich um Luftschauer handelt. Fehler können bei in den Zählerwänden ausgelösten Schauern auftreten, wenn die Energien der Teilchen so groß sind, daß die Sekundären sehr scharf gebündelt sind. Dann kann es vorkommen, daß nur eines der dünnen Zählrohre getroffen wird. Das gleiche kann der Fall sein bei sehr geringen Zahlen der Schauerteilchen. Außerdem ist die Fläche nur zu 95% mit GM-Zählern belegt. Nach Messungen von Davis, Caulk und Johnson (18) beträgt der Anteil der von Schauern begleiteten Ereignisse (bei einem Absorber von 43 g/cm^2) etwa 8%. Bei unserer Anordnung des Schauerselektors ist durchaus damit zu rechnen, daß noch etwa 1 % der Gesamtimpulszahl von Schauern begleitet wird, (siehe aber auch § 18).

Die zufälligen Koinzidenzen.

Für die K-fach Koinzidenzen wird die Zahl der K-fach zufälligen Koinzidenzen gegeben durch (8):

$$n_{1,2..K} = n_1 \cdot n_2 \ldots n_K (T_1 \cdot T_2 \ldots T_{K-1} + \ldots T_1 T_3 \ldots T_{K-1} T_K + T_2 T_3 \ldots T_{K-1} T_K)$$

n_i = Impulse pro Sekunde der i-ten Komponente

T_i = Impulsdauer bei " " "

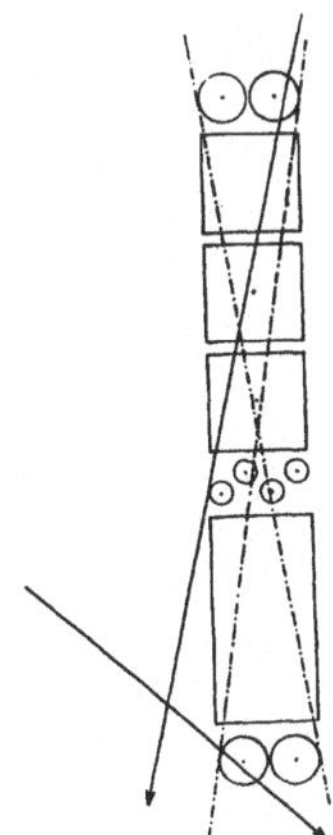

Abb. 17 Zufällige Koinzidenz (Näheres s. im Text)

Es interessieren hierbei nur die Möglichkeiten, die das ganze Teleskop betreffen. Insgesamt wird eine fünffache Koinzidenz verlangt. Eine im einzelnen zufällige Koinzidenz jeder Zählergruppe bringt maximal $2 \cdot 10^{-9}$ Imp/sec und ist natürlich ohne jede Bedeutung bei maximal 0, 3 regulären Imp/sec (s. § 16).

Wesentlich stärker machen sich die echten 4-fach-Koinzidenzen der oberen Geigergruppe und der drei Proportional-Zähler in zufälligen Koinzidenzen mit den unteren GM-Zählern bemerkbar (siehe Skizze). Der Geometriefaktor beträgt für die 4-fach-Koinzidenz etwa 15 cm^{2}ster. Eine günstige Verminderung der Impulszahl der unteren Geiger-Müller-Zähler wird verursacht durch die Absorber, bestehend aus Kupfer und seitlich davon gelagerten Batterien, die ein Vordringen der energieschwachen Teilchen bis zu den Rohren selbst weitgehend verhindern.

Eine weitere Möglichkeit für zufällige Koinzidenzen wird durch das eventuelle Auftreten eines Proportionalimpulses innerhalb des langen Durchlaßimpulses gegeben, wenn das erste reelle transformierte Proportionalsignal beendet ist. Diese Fehlerquelle existiert jedoch nur in der Erstausführung des Aufstiegsgerätes (s. § 9a). Abb. 18 zeigt in Abhängigkeit von der Restmaterie den Verlauf der Fehler, die durch Totzeiten und zufällige Koinzidenzen entstehen. Die Gesamtintensität wird bei ca. 150 g/cm^2 um 4,7 %, bei 20 g/cm^2 um ca. 2 % erhöht. Für das zweite Gerät gelten die Werte von maximal 2,4 % und von 0,7 % bei 20 g/cm^2.

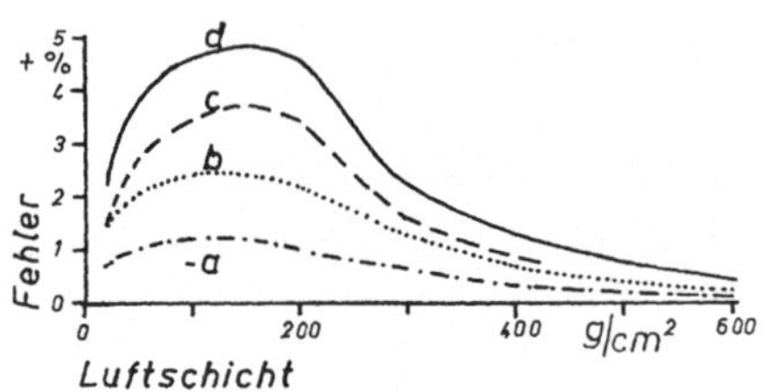

Abb. 18 Systematische Fehler der Impulshäufigkeiten
-a Fehler durch Totzeiten
b Fehler durch zufällige Koinzidenzen im Durchlaß-Impuls
c Fehler durch zufällige Koinzidenzen (s. Abb. 17)
d Gesamtfehler der ersten Apparatur.

II) Die Bodenstation

§ 12) Die Empfangsanlage.

Die Impulse werden am Boden in folgender Weise registriert:

a) Empfang über Antenne und UKW-Empfänger mit größerer Bandbreite,

b) Demodulation und Verstärkung,

c) Abdiskriminierung des Untergrundes,

d) Zeitproportionale Auslenkung auf einen Oszillographen,

e) Registrierung auf einem Film.

Ad a) Die Antenne besteht aus einer 8-Element-Dipol-Antenne, die sich auf einem 20 m hohen Turm befindet. Zur Vermeidung von Dämpfungsverlusten wird vor das herabführende Kabel ein Antennenverstärker geschaltet.

Ad b) Um die Anstiegsflanke und den Abfall der Meßimpulse genügend steil zu erhalten, muß die Bandbreite Δf des Empfängers entsprechend groß gemacht werden.
Bei $\Delta f = 2 \cdot 10^5$ Hz
wird die Anstiegszeit $\tau = 1{,}6 \cdot 10^{-6}$ sec.

Ad c) Zur sauberen elektronischen Weiterverarbeitung der Meßimpulse ist eine Unterdrückung von schwachen Störungen und besonders des Rauschpegels erforderlich. Dies geschieht mittels eines Spannungsdiskriminators hinter der "NF"-Verstärkung.

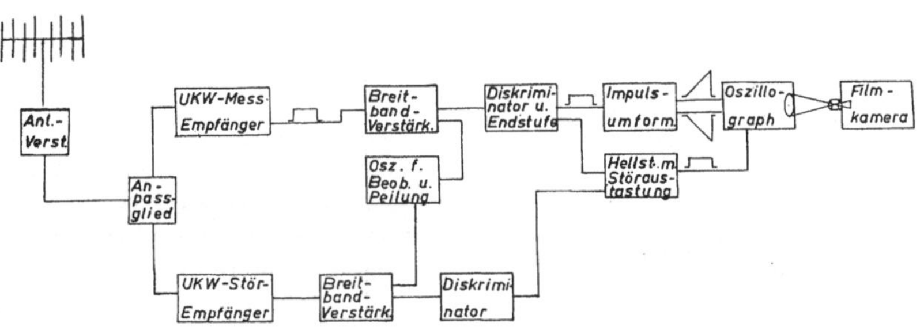

Abb 19 Prinzipschaltbild der Bodenstation

Ad d) Die Rechteckimpulse variabler Dauer werden in Auslenkungen entsprechender Länge auf einem Oszillographenschirm umgeformt. Der Oszillograph wird mit Anstoß betrieben, so daß die Zeichen stets an der gleichen Stelle des Schirmes trotz ihrer statistischen Folge beginnen. Die Helligkeit wird besonders gesteuert.

Ad e) Der Film hat einen kontinuierlichen Vorschub von 0,5 cm/sec.

§ 13) Die Unterdrückung von Störimpulsen.

Wie man mit einem breitbandigen Empfänger leicht feststellen kann, werden in Abhängigkeit von verschiedenen Parametern Impulse empfangen, die ihrerseits auf einem sehr breiten Frequenzspektrum ausgestrahlt werden. Derartige Impulse können verschiedenen Ursprungs sein, so treten solche z. B. bei der Zündung in Verbrennungsmotoren, an Hochspannungsleitungen, bei Gewittern und Schaltstößen aller Art auf. Je geringer die Feldstärke der Nutzsignale ist, um so stärker wirken sich die Störungen aus. Die meisten gemessenen Störimpulse hatten bei Δf = 200 KHz eine Dauer von 5 – 15 μ sec und hatten mitunter eine Häufigkeit von ca 1000 pro Sekunde und mehr.

Die Abb. 20 und 21 zeigen die Störimpulshäufigkeit in Abhängigkeit vom Tagesgang und vom Azimut

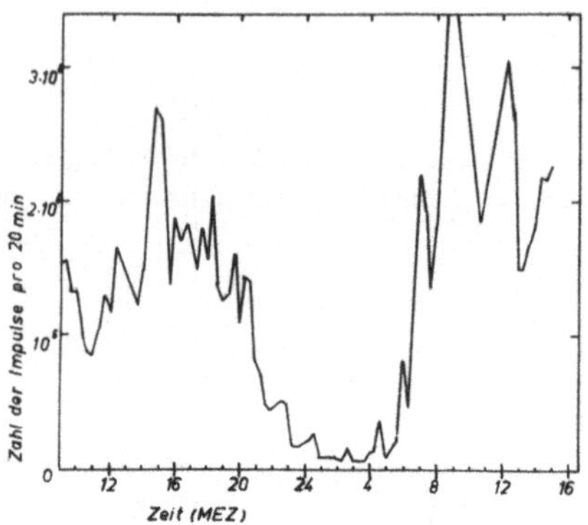

Abb. 20 Störimpulshäufigkeit in Abhängigkeit vom Tagesgang (Azimut 50°)

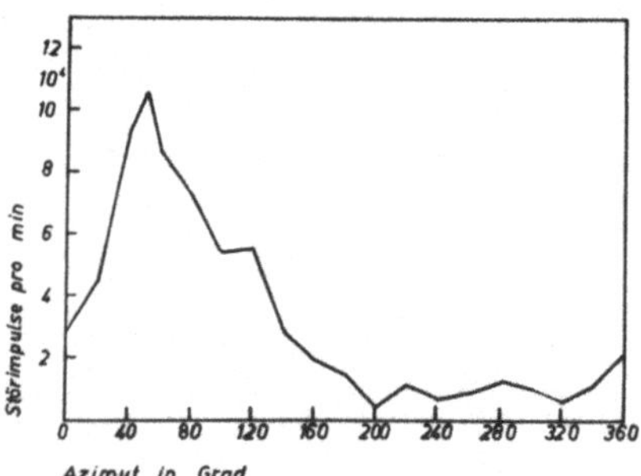

Abb. 21 Störimpulshäufigkeit in Abhängigkeit vom Azimut.

innerhalb kürzerer Zeit. Die horizontale Halbwertsbreite der Peilkeule betrug ca. 30°, in vertikaler Richtung etwa 60°. In Richtung 20° - 80° liegt das Stadtgebiet von Ravensburg. Abb. 20 läßt vermuten, daß der größte Teil der Störungen durch Kraftfahrzeuge verursacht wird.

Die sehr kurzen Störungen können mit den Meßimpulsen nicht verwechselt werden, erschweren aber, wenn ihre Häufigkeit groß ist, das Erkennen und Ausmessen der kürzesten Sondensignale, da sie dann die Aufzeichnung einer starken "Nullinie" bewirken. Störimpulse, die eine Dauer von 30 μsec überschreiten, können Nutzsignale vortäuschen. Sie sind zwar relativ selten, aber mitunter doch noch so häufig, daß die Gefahr einer Verfälschung der Strahlungsintensitäten bei schwacher Eingangsfeldstärke besteht.

Aus diesem Grunde wurde ein Verfahren angewandt, durch das die Störungen eliminiert werden konnten. Hierbei wurde insbesondere die große Breitbandigkeit der Störimpulse ausgenutzt. Ein zweiter Empfangszweig, dessen UKW-Empfänger ca.1 MHz neben die Meßfrequenz eingestellt worden war, wurde mit seinem Ausgang hinter dem Diskriminator in Antikoinzidenz mit der Hellsteuerung des Aufnahmeoszillographen geschaltet. Der Diskriminator unterdrückte den Rauschpegel und gestattete eine gute Empfindlichkeitsregelung der Störimpulse, so daß bei hoher Sendefeldstärke nicht schon schwache Störungen berücksichtigt wurden. Wichtig ist dabei, daß der zweite Empfangszweig hinsichtlich der Empfindlichkeit und der Bandbreite dem Meßzweig nicht unterlegen sein darf. Bei Verwendung eines Antennenverstärkers mit ausreichender Verstärkung und Bandbreite ist eine Speisung beider Empfänger von derselben Antennenanlage aus möglich. Da lediglich die Hellschreibung auf dem Oszillographen unterdrückt wird, tritt also durch kurze zwischendurch eintreffende Störungen keine Verfälschung der Meßimpulse ein, wie etwa ein Abreißen der Zeichen beim Anstoßbetrieb.

Abb. 22 stellt die Vergrößerung einer Registrierung dar, bei der lange (Meß-) Impulse von Störspitzen über den zweiten Empfangszweig und die Antikoinzidenzschaltung in der Helligkeit unterbrochen wurden. Die besonders unerwünschten langen Störzeichen treten nur sehr selten auf. Eine Nullinie fehlte gänzlich bei dieser Aufnahme. Zugleich gewinnt man einen Überblick über die Häufigkeit der Störungen.

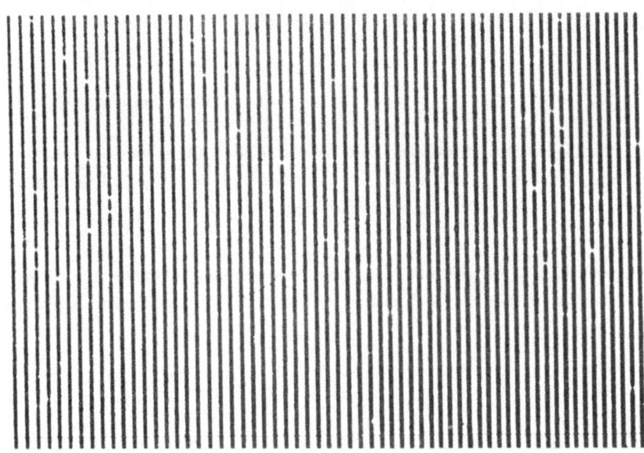

Abb. 22 Auswirkung des Störpegels auf Meßimpulse. Photographisches Negativ, Schreibgeschwindigkeit ca. 160 μ sec/cm.

Die Abb. 23 zeigt im linken Teil eine Aufnahme ohne und im rechten die entsprechende mit Störantikoinzidenz bei ca. 1000 Impulsen pro Sekunde. Die Einstellungen der Empfänger unterschieden sich um 1,0 MHz (f_o = 152 MHz). Beide Zweige wurden von derselben Antenne gespeist. Mit der Störunterdrückung bleiben von der sehr stark geschriebenen Nullinie nur wenige sehr kurze Impulse übrig, die die Identifizierung und Ausmessung der kürzesten Meßimpulse nicht mehr behindern. Erhöht man den Frequenzabstand der beiden Empfänger, so wächst erwartungsgemäß die Zahl der nicht gelöschten Störungen.

Abb. 23 Empfangsaufnahme ohne und mit Störaustastung. Photographisches Negativ, Filmvorschub 0,5 cm/sec.

III) Messungen vor dem Ballonaufstieg.

§ 14) Das Ionisationsspektrum am Erdboden.

Zur Erprobung und richtigen Justierung der Geräte wurde das im wesentlichen von den μ -Mesonen herrührende Spektrum am Boden aufgenommen. Dabei entfiel zunächst lediglich die Übertragung der Meßwerte per Funk. Die transformierten Proportionalimpulse wurden wie beim Aufstieg über einen Oszillographen registriert.

Die gestrichelte Kurve in Abb. 24 gibt die Messung des Bodenspektrums mit elektronischer Auswahl des kleinsten von drei jeweils auftretenden Impulsen wieder. Die ausgezogene Kurve stellt vergleichsweise die Impulsverteilung eines einzelnen Proportionalzweiges dar. Die Verteilung wurde auf gleiche integrale Häufigkeit normiert. Bei der ersten Messung wurden insgesamt 489, bei der zweiten 1626 Impulse registriert. Die Einengung der Ionisationsschwankungen mit Hilfe der beschriebenen Auswahl ist ganz offensichtlich. Das μ -Mesonenspektrum wird in § 17 ausführlich analysiert und diskutiert. Es dient zur richtigen Festlegung der wahrscheinlichsten Impulshöhe für Teilchen der Ladung z = 1 und bestimmt damit über die bekannte Ladungsabhängigkeit der Amplituden die Skala für die betreffenden Kerne.

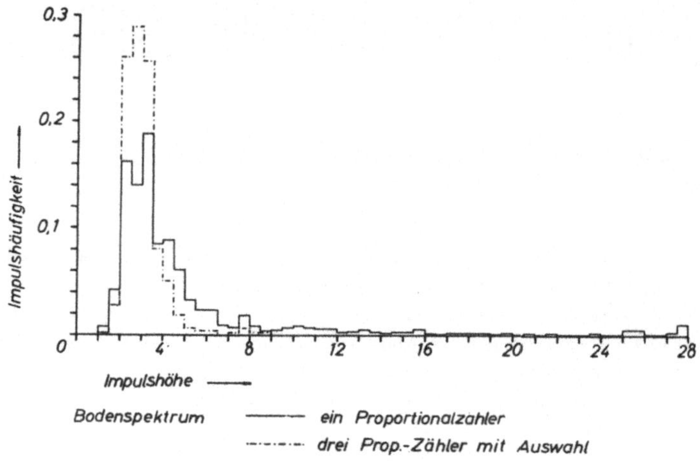

Abb. 24 Impulsspektren am Boden mit und ohne Dreifach-Auswahl des kleinsten Impulses. Normierung auf gleiche integrale Häufigkeit.

IV) Der Ballonaufstieg

§ 15) Allgemeines und Daten zum Aufstieg.

a) Das Ballongespann.

Abb. 25 gibt die Anordnung des gesamten Ballongespannes schematisch wieder. Unterhalb der Meßgondel befindet sich der UKW-Sender. Die elf Ballone wurden in mehrere Gruppen unterteilt, um die Wahrscheinlichkeit einer Kettenreaktion, durch das Platzen eines Ballons ausgelöst, stark zu vermindern. Die beiden stärker gefüllten Schlepperballone (Näheres siehe Anhang § 23) gehören zur untersten Traube; ein Start bei stärkerem Bodenwind wird damit erleichtert. Obgleich eine Zerstörung sämtlicher Ballone während des Fluges als sehr unwahrscheinlich gelten konnte, wurde zur Sicherheit ein Fallschirm hinzugefügt. Sollte er durch zerrissene Ballonhüllen im schlimmsten Fall wenig behindert werden, so mußte er so hoch wie möglich im Gespann angeordnet werden. Der Schirm hatte einen Durchmesser von 4 Metern und würde ohne Ballone eine Sinkgeschwindigkeit von 5, 9 m/sec in Bodennähe bewirken. Mit acht verbleibenden Ballonen wäre mit Wirkung des Fallschirmes eine Sinkgeschwindigkeit von etwa 3 m/sec zu erwarten. Das entspräche einer freien Fallhöhe am Erdboden von weniger als einem halben Meter.

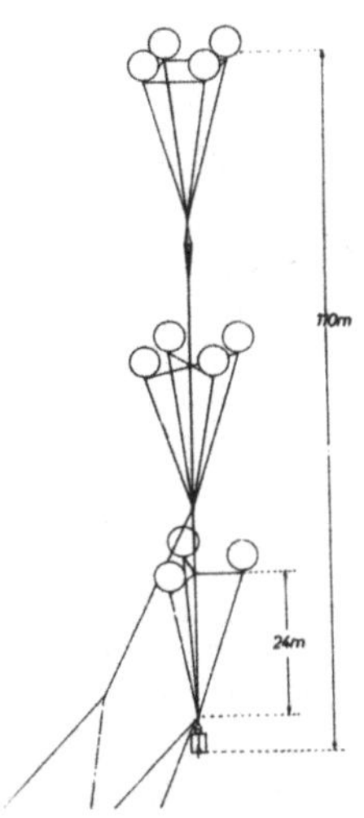

Abb. 25 Anordnung der Ballone mit Halteleinen.

b) Der Start fand am 24.4.1957 um 8.3o h in Weissenau, geogr. Breite = 47° 46' N, geogr. Länge = 9° 35' E statt. Nach Meldungen von meteorologischen und eigenen Pilotaufstiegen waren in der Höhe geringe Windstärken zu erwarten, so daß das Gerät vermutlich nicht sehr weit abgetrieben werden würde. Da keine Bewölkung vorhanden war, konnte die Flugbahn bis zur Landung optisch vermessen werden. Eine Funkpeilung ließ sich ohnehin durchführen.

Für die Änderung der geomagnetischen Breite ist wegen der geringen maximalen Horizontalentfernung (s. Abb. 26) keine Korrektur erforderlich.

Abb. 26 Projektion der Flugbahn mit Angabe der Höhe in km in zeitlichen Abständen von je 30 Min.

Die Registrierung von Druck und Temperatur und der berechneten Höhe während des Aufstiegs wird in Abb. 27 dargestellt. Leider zeigte sich, daß die Qualität der Ballone zu wünschen übrig ließ, denn ein Ballon ließ bereits kurz nach dem Start Gas ab, wodurch die Aufstiegsgeschwindigkeit herabgesetzt wurde; sodann platzte ein Schlepper bereits in ca. 20 km Höhe und ein schwach gefüllter Ballon bei 26,5 km. Jede dieser Stellen erscheint in der Höhenkurve durch einen Knick. Der Flug verlief im Bereich von 26,5 km bis zum Beginn des Abstieges in 28,2 km Höhe recht flach und war für die Messung der Ultrastrahlung von besonderer Bedeutung. Der Abstieg wurde durch das Platzen des zweiten Schleppers eingeleitet. Die mittlere Sinkgeschwindigkeit betrug 3,03 m/sec (182 m/min). Die Landung selbst verlief außerordentlich sanft. Beim Beginn der Bergung der Geräte und der Ballone lief die Sonde bis auf den Sender ungestört. Dies ermöglichte ausführliche Messungen und Eichungen auch nach dem Flug.

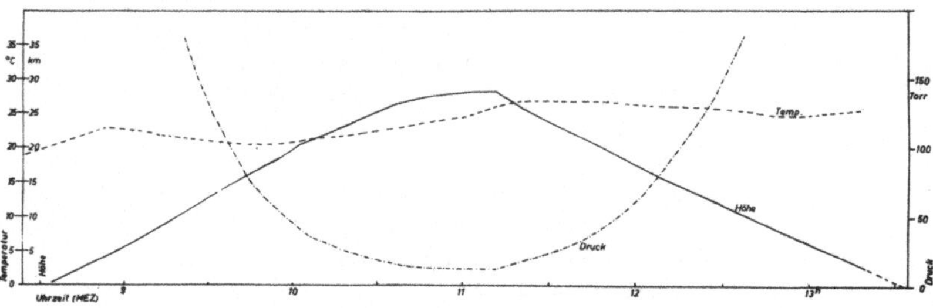

Abb. 27 Registrierung von Druck, Höhe und Temperatur in der Gondel während des Aufstieges.

c) Wie man aus der Temperaturregistrierung sieht, konnte der Verlauf für diesen Aufstieg kaum besser sein. Die ausgleichende Wirkung der äußeren Gondel und der Isolierung hat sich sehr gut bewährt. (Ausführliche Behandlung im Anhang § 22). Wie in § 22 vorausberechnet wurde, läßt die 33-%ige Schwärzung des inneren Gehäuses die richtigen Temperaturen bis in Höhen von 27 km erwarten. Für größere Höhen dürfte bei Ausschwebeflügen (stationäre Bedingungen) eine etwas geringere Schwärzung erforderlich sein. Zudem muß natürlich die Jahreszeit etwas berücksichtigt werden. Während des Winterhalbjahres dürfte die gewählte Absorptionsfläche recht günstig sein.

§ 16) Meßergebnisse der Ultrastrahlung.

Die Auswertung der Proportionalimpulse auf dem Registrierfilm geschah mit Hilfe eines Mikrofilmlesegerätes in Projektion. Die gute Zuordnung jeder Messung zur Restmaterie in g/cm^2 wurde durch die engen Meßintervalle des Druckgebers gewährleistet. Vor der allgemeinen Auswertung wurden die Einzelmessungen innerhalb bestimmter Druckintervalle zusammengefaßt. Sie mußten zweckmäßig so gewählt werden, daß die statistischen Fehler nicht zu groß waren und andererseits die Auflösung in der Häufigkeitskurve in Abhängigkeit vom Druck nicht zu schlecht wurde. Die Ionisationsverteilungen wurden wegen

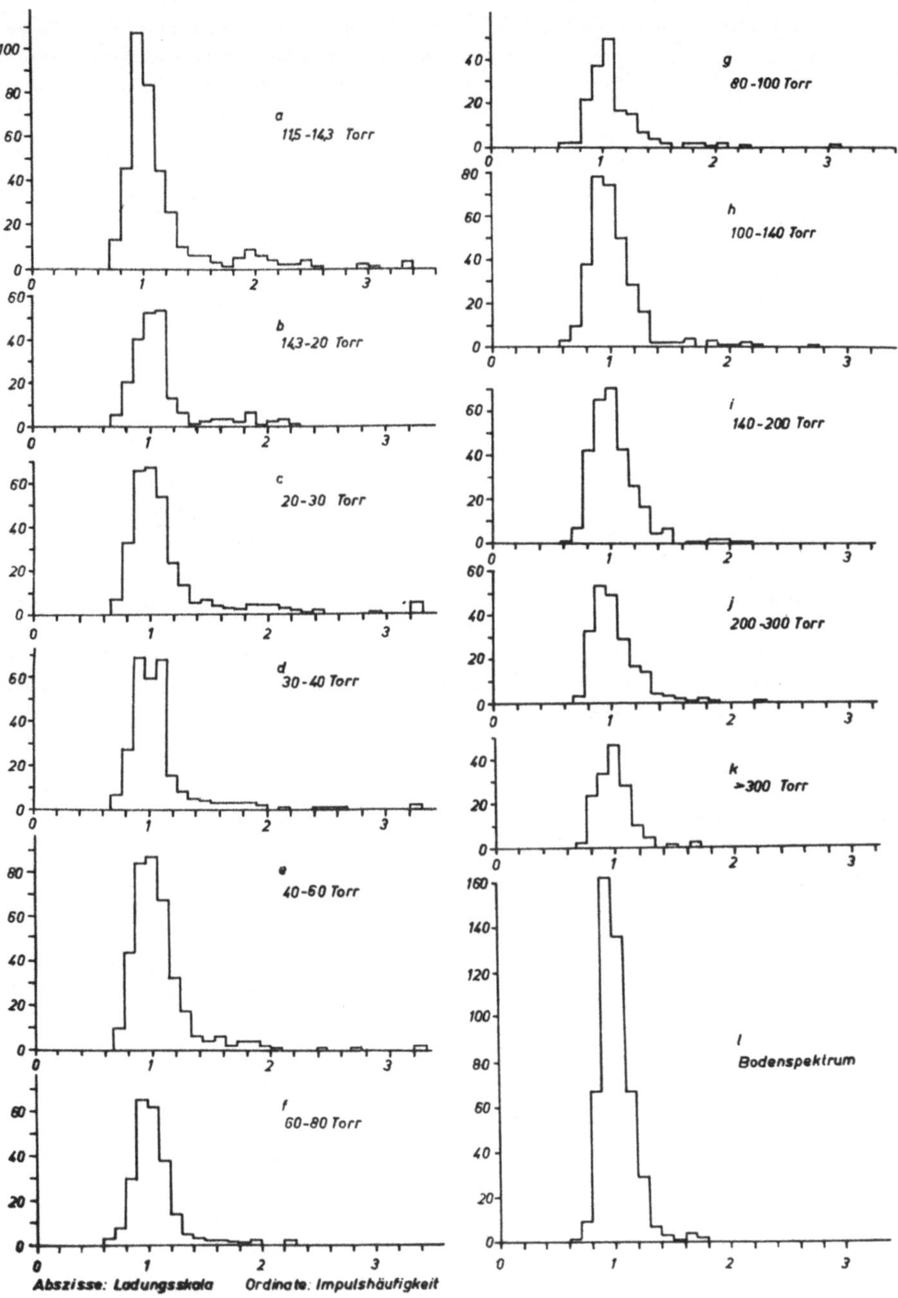

Abb. 28 Impulsspektren in verschiedenen Druckintervallen während des Aufstieges.

des quadratischen Zusammenhanges von mittlerer Ionisation und der Kernladung z über der Wurzel der Impulshöhen aufgetragen. Abb. 28 a - l zeigt die Impulsverteilungen für verschiedene Druckintervalle. Die Justierung der Abszissenwerte erfolgte über eine Zuordnung des Wertes 1,0 zum mittleren Wert der Verteilung z = 1 im obersten Druckbereich von 11,5 - 14,3 Torr. Man erkennt bei diesem Spektrum (Abb. 28 a) sehr gut die Maxima für Teilchen der Ladung z = 1 und für α -Teilchen, einige Impulse rühren von Lithiumkernen her. Über drei Ereignisse kann nur angegeben werden, daß hierbei der Verstärker übersteuert wurde und sie in der Ladungsskala einen Wert größer als 3,3 haben.
Als Grenze zwischen den Protonen und den α -Teilchen wird der Wert 1,7 genommen; das Minimum ist zwischen 1,7 und 1,8 sehr gut ausgebildet. Die Absolutwerte der Strahlung werden in § 19 vornehmlich von den obersten drei Bereichen aus berechnet. Die Erhöhung um $\sqrt{h} = 1,5$ dürfte auf eine gegenüber dem Bodenspektrum verstärkte Auslösung hochenergetischer Anstoß-Elektronen durch die Protonen und π -Mesonen beruhen. Eine eingehende Diskussion der Form der Impulsspektren erfolgt in § 17.

Aufgrund dieser Impulsverteilungen kann die Höhenabhängigkeit für einzelne Amplitudenintervalle angegeben werden. Der Gesamtbereich wurde wie folgt aufgeteilt :

a) $0 < \sqrt{h} \leq 1,7$ b) $1,7 < \sqrt{h} \leq 2,7$

c) $2,7 < \sqrt{h} \leq 3,2$ d) $\sqrt{h} > 3,2$

Die Impulshäufigkeiten wurden auf Überschneidungen der Intervalle und die geringen Änderungen infolge von Totzeiten und zufälligen Koinzidenzen korrigiert (s. § 11). Die Überlappungen wurden aufgrund der Form des Bodenspektrums berechnet. In den Abb. 29, 30 und 31 werden die Höhenabhängigkeiten der Gesamtstrahlung, der Partikel im α -Bereich und der schweren Kerne, die in der Ladungsskala oberhalb von 3,2 liegen, graphisch dargestellt.

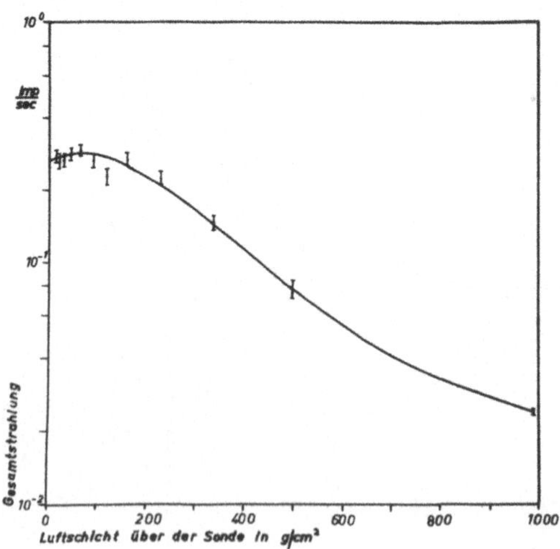

Abb. 29 Gesamtimpulshäufigkeit in Abhängigkeit von der Dicke der Luftschicht.

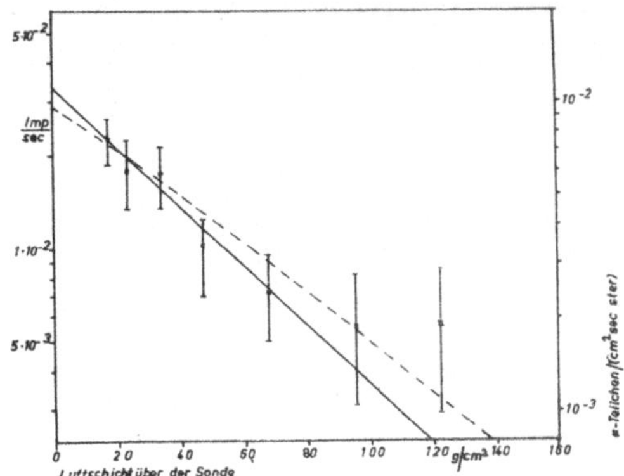

Abb. 30 Häufigkeit im α-Bereich nach Korrektur der Überlappungen in Abhängigkeit von der Dicke der Luftschicht über der Sonde. Verluste im Teleskop wurden nicht berücksichtigt.

———— Einfache exponentielle Näherung, freie Weglänge 45 g/cm^2.

-------- Mit Berücksichtigung der Aufspaltung schwerer Kerne (s. § 19).

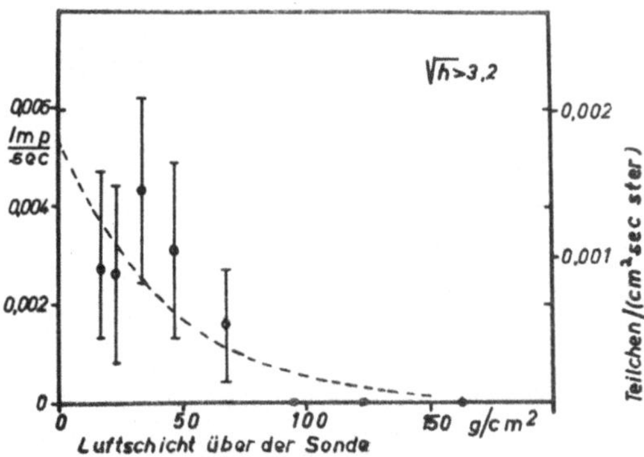

Abb. 31 Häufigkeit der schweren Kerne entsprechend der Ladung $z > 3,2$ als Funktion der Luftschicht über der Sonde. Die eingezeichnete Kurve stellt den nach anderen Messungen zu erwartenden Verlauf dar. (Näheres s. § 20).

Die Skalen für absolute Intensitäten in den Abb. 30 und 31 gelten für eine isotrope Strahlung. Die Verluste in der Materie bis zum untersten Proportionalzähler (1,2 g/cm^2 Silicongummi und 5,1 g/cm^2 Messing) wurden hierbei nicht berücksichtigt. Treten in dieser Schicht Kernaufspaltungen auf, die mehrere energiereiche Sekundärteilchen zur Folge haben, so kann das Ereignis durch den Schauerselektor eliminiert werden. Allerdings dürften derartige Auslöschungen nur in solchen Fällen auftreten, bei denen der Öffnungswinkel des Streukegels so groß ist, daß zwei der kleinen Geigerzähler getroffen werden. Besonders bei Reaktionen in den tiefer gelegenen Zählerwänden besteht die Möglichkeit einer Zählung des Ereignisses, wenn die Sekundärteilchen scharf gebündelt sind. Betreffs dieses Effektes erhält man obere und untere Grenzen für die Partikelintensitäten je nachdem man die genannte Materieschicht in der Sonde voll oder überhaupt nicht berücksichtigt.

Die Kurven in Abb. 30 für die α-Komponente geben demnach untere Grenzen an. Die oberen Grenzen liegen um ca. 9,3 % höher. Die ausgezogene Gerade ergibt eine einfache exponentielle Näherung für eine freie Weglänge von 45 g/cm^2. Die gestrichelte Kurve zeigt eine Näherung unter Berücksichtigung der Aufspaltung schwerer Kerne. (Näheres siehe hierzu in § 19). Eine optimale Anpassung wurde jeweils für die obersten drei Meßpunkte vorgenommen.

Eine obere Grenze für die schweren Kerne (Abb. 31) als Funktion der atmosphärischen Tiefe erhält man, wenn die Meßpunkte um ca. 4 g/cm^2 in Richtung größerer Schichtdicken verschoben werden. Die eingezeichnete Kurve dient in § 20 zur Beurteilung der Absolutintensität. Sie stellt den zu erwartenden Verlauf dar, wie er sich aus fremden Messungen unter Berücksichtigung der Kernaufspaltung ergibt.

D. Diskussion der Meßergebnisse.

§ 17) Die Ionisationsspektren.

Es soll untersucht werden, inwieweit die am Boden und während des Aufstiegs registrierten Spektren mit den in § 2 bis § 5 erörterten Verbreiterungseffekten erklärt werden können.

In Abb. 32 werden die für unser Teleskop maßgeblichen Verbreiterungsfunktionen zusammenfassend dargestellt. Es handelt sich hierbei um die Schwankungen der Primärionisation und der Gasverstärkung, sodann um die Variation der spezifischen Ionisation der Teilchen und um ihre möglichen Bahnlängen in den Proportionalzählern. Für das Energiespektrum der μ -Mesonen (s. Abb. 32e) wurden die Messungen von Rossi (15) zugrunde gelegt.

Eine Berücksichtigung der Abhängigkeit vom Einstrahlungsort im Proportionalzähler erübrigt sich in unserem Fall (s. Abb. 4 § 2).

Außerdem sind bei den in größerer Höhe aufgenommenen Impulsverteilungen die Auswirkungen von nicht unterdrückten Schauern und die der Albedo in Betracht zu ziehen.

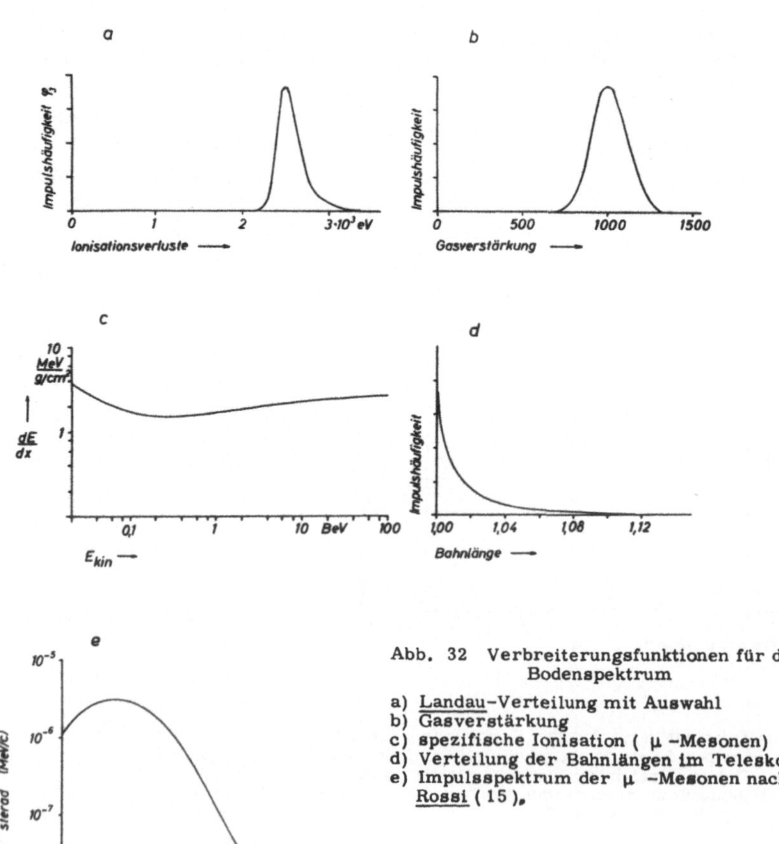

Abb. 32 Verbreiterungsfunktionen für das Bodenspektrum

a) Landau-Verteilung mit Auswahl
b) Gasverstärkung
c) spezifische Ionisation (μ -Mesonen)
d) Verteilung der Bahnlängen im Teleskop
e) Impulsspektrum der μ -Mesonen nach Rossi (15).

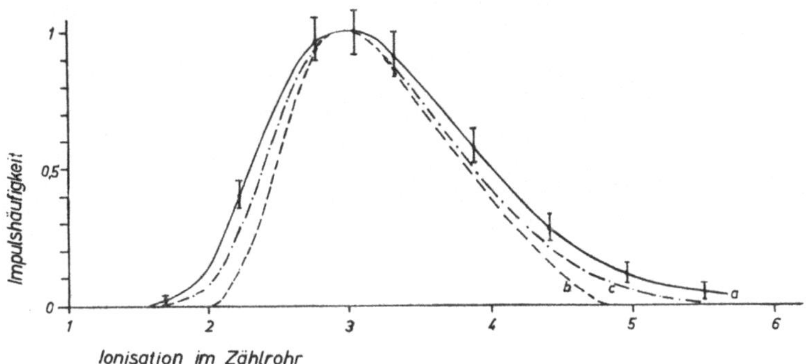

Abb. 33 Ionisationsspektrum der μ -Mesonen am Boden

a) ——— experimentell

b) ------ berechnet (φ_3, dE/dx)

c) -.-.-.- berechnet (φ_3, M, dE/dx, $\Delta \ell$)

Kurve b in Abb. 33 zeigt die berechnete Form des Spektrums für μ -Mesonen am Erdboden unter Berücksichtigung der primären Ionisationsschwankungen mit Auswahl der kleinsten von drei Impulsen und des Energiespektrums der μ -Mesonen und der dadurch verursachten Verteilung über die spezifische Ionisation $\frac{dE}{dx}$. Man sieht, daß diese Kurve bereits recht gut mit den Meßwerten (Kurve a) übereinstimmt. Die Kombination dieser Effekte mit den Auswirkungen der möglichen Bahnverlängerungen im Teleskop und den Schwankungen der Gasverstärkung veranschaulicht Kurve c in Abb. 33. Die Übereinstimmung des berechneten mit dem gemessenen Spektrum ist sehr gut. Die noch vorhandenen Abweichungen lassen sich mit den statistischen Fehlern der experimentellen Kurve, der Unvollständigkeit der Landauschen Theorie, sowie eine begrenzte Genauigkeit des Energiespektrums erklären.

Das Spektrum der einfach geladenen Teilchen ist in großen Höhen nur um wenige Prozent breiter als das am Boden wegen des etwas anderen Verlaufs des Energiespektrums der Protonen. Zudem tritt neben den schnellen Protonen und den Mesonen in mittleren Tiefen ein beträchtlicher Anteil von schwach energetischen Protonen auf, der eine Verbreiterung bzw. Verschiebung der Ionisationsverteilung zu größeren Werten bewirkt (s. Abb. 34). Die Auflösung im Ladungsspektrum wird dadurch etwas verschlechtert.

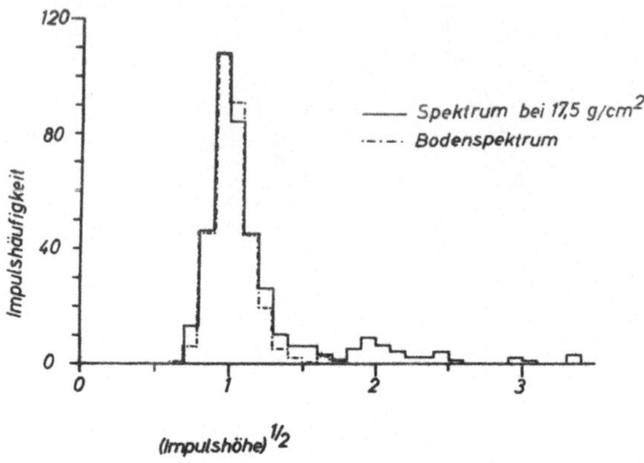

Abb. 34 Vergleich des Ionisationsspektrums unter 17,5 g/cm² Luft (———) mit dem Spektrum am Boden (-.-.-.-). Die Ordinate gilt für die Häufigkeiten in der Höhe. Das Bodenspektrum wurde auf gleiche Höhen der Maxima reduziert.

Die Mehrzahl der Impulse mit Amplituden größer als $1,8^2$, die nicht den α -Teilchen und schweren Kernen zugeschrieben werden können, dürften im wesentlichen von nicht gelöschten Schauern herrühren.

§ 18) Die Höhenabhängigkeit der einzelnen Komponenten

a) Die Gesamtstrahlung wurde bei diesem Aufstieg unter insgesamt 82,8 g/cm² Materie aufgenommen, die absorbierende Schicht teilte sich auf in 79,4 g/cm² Kupfer einschließlich Messing und 3,2 g/cm² Silicongummi und sonstige organische Stoffe. Die hierzu gehörenden Abschneideenergien, verursacht durch Ionisations- und Anregungsverluste (Daten s. § 5, § 7), entsprechen etwa denen einer 10,5 cm starken Bleischicht. Man erkennt in Abb. 29 eine ca. 11,7-fache Überhöhung der Impulshäufigkeit unter etwa 80 g/cm² Luft gegenüber dem Bodenwert. Im Bereich zwischen 17 und 150 g/cm² verläuft die Kurve recht flach unter Ausbildung eines schwachen Maximums. Aufgrund der statistischen Fehlergrenzen könnte die Kurve in diesem Bereich auch etwas flacher oder steiler ausgezogen werden. Ihre Form läßt sich in Einklang mit den Messungen von A. Ehmert (19) bringen, die etwa am gleichen Ort mit einem Geigerteleskop und 9 cm Blei durchgeführt wurden.

Ein Vergleich mit den von Dymond (20) zusammenfassend diskutierten Messungen der harten Strahlung ist interessant wegen der verschiedenen Ausbildungen des Maximums in Abhängigkeit von der geomagnetischen Breite. In der erwähnten Arbeit konnte eine volle Klarheit, betreffs der Ausbildung eines echten Maximums für $\lambda = 55^{\circ}$, nicht erzielt werden. Vidale und Schein (21) fanden bei $\lambda = 55^{\circ}$

ein schwaches und bei $\lambda = 41^{\circ}$ ein gut ausgeprägtes Maximum. Die eigenen Ergebnisse wurden zusammen mit den bei 55° und 41° geomagnetischer Breite gemessenen Werten von Vidale und Schein in Abb. 35 aufgetragen. Von letzteren wurden jeweils die Werte für 7, 5 und 12 cm Bleiabsorber genommen, da der eigene Kupferabsorber einer Stärke von ca. 10, 5 cm Blei entspricht. Im konventionellen geomagnetischen System liegt Weissenau auf einer Breite von 49°, den eigenen Messungen zufolge aber auf $43 - 45^{\circ}$ wie in § 20 näher begründet wird. Die allgemein geringe Meßgenauigkeit kommt in dem Überschneiden der Kurven für $\lambda = 55^{\circ}$ und $\lambda = 41^{\circ}$ zum Ausdruck, wenn man die Kurven optimal durch die Meßpunkte legt. Dabei wurden die genannten Messungen mit gleichartigen Geräten am Boden gut aneinander angeschlossen. Einem Vergleich mit fremden derartigen Messungen haftet zusätzlich ein systematischer Fehler bezüglich der Absolutwerte an. Weitere Aufstiege werden unter anderem die Genauigkeit der Werte der harten Strahlung über Weissenau erhöhen.

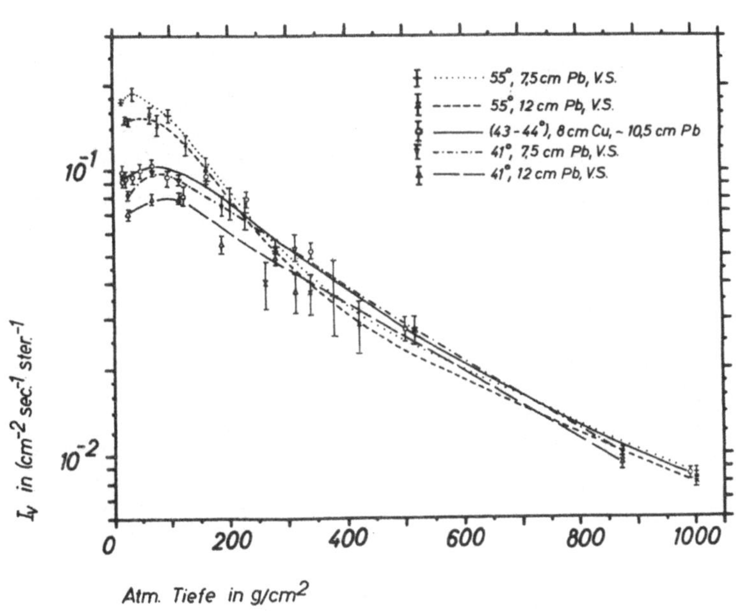

Abb. 35 Vergleich der Höhenabhängigkeit der harten Komponente mit Messungen von Vidale und Schein (21).

In Abb. 36 wird der Versuch einer einfachen Analyse der Zusammensetzung der Gesamtstrahlung unter den gegebenen Voraussetzungen gemacht. In größeren Höhen macht die primäre Nukleonenstrahlung den Hauptanteil aus. Subtrahiert man diese in § 16 und § 19 untersuchten Komponenten von der totalen Strahlung, so erhält man zunächst die Häufigkeit der Sekundärstrahlung. Die Kurven "pr. P" und " α " stellen den Verlauf der primären Protonen und der α -Teilchen als Funktion der verbleibenden Luft in g/cm^2 dar. Die schwereren Kerne wurden nicht eingezeichnet. Die Kurve "Sekundäre" gibt die Häufigkeit aller Sekundärteilchen wieder; subtrahiert man von dieser die sekundären Protonen

(Kurve "sek. P."), so verbleiben im wesentlichen nur die Mesonen. Leider ist die Häufigkeit der sekundären Protonen bisher nur wenig untersucht worden, weshalb den Werten dieser Kurve keine große Genauigkeit beigemessen werden kann. Sie stellt ungefähr den theoretischen Verlauf nach Messel (22) dar.

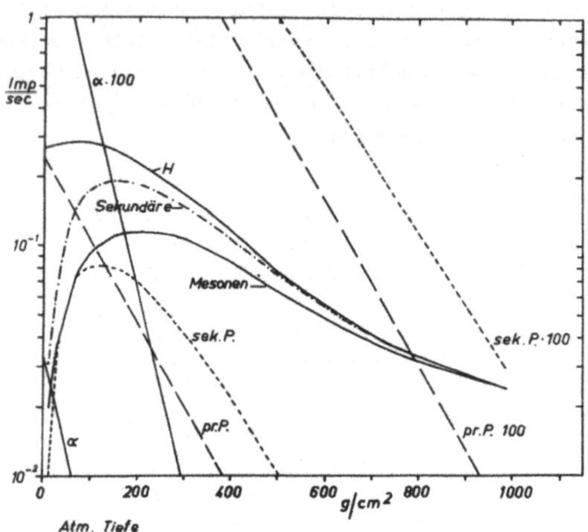

Abb. 36 Analyse der gemessenen Gesamtstrahlung H
α : primäre α -Komponente
pr. P. : primäre Protonen
sek. P. : sekundäre Protonen
Sekundäre : Gesamthäufigkeit dieser Komponente Mesonen

Der Anteil der Elektronen-Komponente ist in der harten Strahlung allgemein gering und erreicht nur Werte von ca. 2 %.

b) Nachfolgend soll die Impulshäufigkeit im Bereich der α -Teilchen näher untersucht werden. In Abb. 30 wurden die Korrekturen für die Überlappungen mit Teilchen der Ladung z = 1 und 3 berücksichtigt. Dabei konnten allerdings die von Schauern ausgelösten großen Impulse, soweit sie nicht vom Schauerselektor unterdrückt wurden, nicht erfaßt werden.

Nun ist die Absorptionskurve der α -Teilchen experimentell im Bereich oberhalb von ca. 100 g/cm^2 Luft recht gut gemessen worden (s. Abb. 30) und kann durch die in den obersten Meßintervallen angepaßte theoretische Kurve unter Berücksichtigung der Aufspaltung schwerer Kerne dargestellt werden. Die Differenz zwischen der gemessenen Häufigkeit und der extrapolierten angepaßten Kurve führt dann auf die nicht eliminierten Schauer. Die α -Intensität und die verbleibende Schauerhäufigkeit werden mit den Fehlergrenzen in Abb. 37 dargestellt. Der Abfall der eingezeichneten Linie S verläuft proportional zu exp. (-x/120), wobei x die atmosphärische Tiefe in g/cm^2 ist.

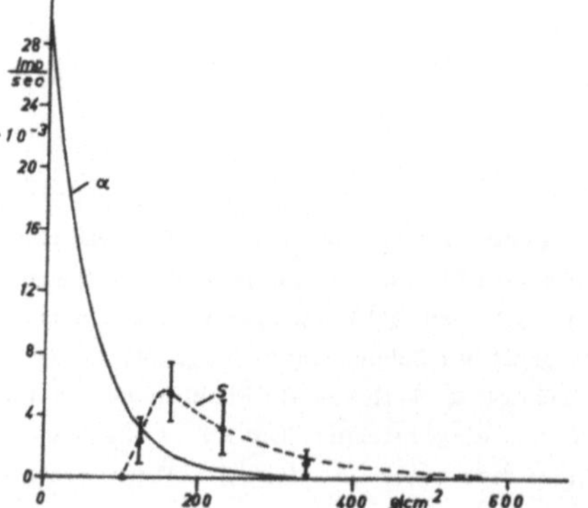

Abb. 37 Analyse der Impulse im α -Bereich nach Korrektur der Überlappungen im Ladungsspektrum.
α = primäre α -Teilchen
S = durch Schauer verursachte Impulse.

Es zeigt sich, daß die Differenzkurve nach Durchlaufen eines Maximums bei ca. 170 g/cm^2 einen annähernd gleichmäßigen exponentiellen Abfall mit wachsender Tiefe aufweist. Aus der Konstante dieses Abfalles von ca. 120 g/cm^2 erkennt man eindeutig, daß es sich nicht um α -Teilchen handeln kann und es liegt nahe, diese Impulse auf Schauer zurückzuführen.

Aus einem Vergleich der Häufigkeit der nicht unterdrückten Schauer mit den Absolutwerten der von Schauern begleiteten Ereignissen nach McClure (23) und der Elektronen-Photonen-Komponente ergibt sich für unsere Apparatur ein entsprechender Fehler von ca. 2 % in der Höhe maximaler Schauerhäufigkeit. Für Restmaterieschichten kleiner als 100 g/cm^2 sinkt der Anteil der nicht eliminierten Schauer auf Werte um 0, 5 % der Gesamtimpulszahl. Aus apparativen Größen ergibt sich eine Löschung von 80 bis 90 % der Schauer geringer Teilchendichte. Dieser Wert liegt höher bei großen Teilchendichten.

c) Zur Höhenabhängigkeit der schwereren Kerne läßt sich wegen der großen statistischen Fehler nicht sehr viel aussagen. In das Diagramm für Impulsgrößen, die den Wert von 3, 2 im Ladungsspektrum überschreiten (Abb. 31), wurde die aus den Protonen- und α-Partikel-Flüssen zu erwartende Häufigkeit der schweren Kerne unter Berücksichtigung der Kernaufspaltungen eingezeichnet. Man erkennt, daß dieser Teil des Spektrums von nicht unterdrückten Schauern praktisch nicht mehr beeinträchtigt wurde. Ein Vergleich mit Messungen der Schauerhäufigkeiten von McClure (23) weist auf einen hohen Wirkungsgrad der Schauerselektion hin, da gerade im Bereich großer Impulse die Schauer die Häufigkeiten der schweren Kerne weit übertreffen.

Im Intervall der Impulshöhen zwischen 2, 7 und 3, 2 Einheiten im Ladungsspektrum wurden bis in Tiefen von 40 g/cm^2 vier Ereignisse gefunden, die wahrscheinlich Lithiumkernen zuzuordnen sind. Aus der zu erwartenden Höhenabhängigkeit ergibt sich, daß zwei Impulse in Tiefen zwischen 120 und 160 g/cm^2 wahrscheinlich von Schauern verursacht wurden.

Abschließend kann gesagt werden, daß die in Höhen oberhalb von etwa 70 g/cm^2 durchgeführten Messungen praktisch frei von Fehlern durch Schauer sind.

§ 19) Die Absolutwerte der Teilchenintensitäten.

Nach den Ausführungen in § 7 und § 21 beträgt die Geometriekonstante der Zähleranordnung für die isotrope Strahlung 2, 96 cm^2 sterad und für die $\cos^2\gamma$ -Abhängigkeit vom Zenitwinkel 2, 86 cm^2 sterad. Damit lassen sich die Werte der Gesamtstrahlung in der Abb. 29 leicht in Einheiten von Teilchen pro (cm^2 sec sterad) angeben.

Von besonderem Interesse sind die auf 0 g/cm^2 Materie extrapolierten Flußwerte der einzelnen Komponenten. Für diese Berechnung wird allgemein von den Messungen in den obersten Druckintervallen und der Annahme einer isotropen Richtungsverteilung der Strahlung ausgegangen. Der Winkelbereich der registrierten Teilchen weicht zudem nur wenig von der Vertikalen ab. Ein vielleicht strittiger Punkt ist hingegen die Korrektur der Verluste, die im Material der Sonde und des Teleskopes entstehen können bis die Teilchen den untersten Proportionalzähler erreichen. Wie schon in § 16 diskutiert wurde, wird eine gewisse Anzahl von Partikeln in den betreffenden Schichten Kernreaktionen auslösen und wegen der Sekundären durch den Schauerselektor eliminiert werden. Bei derartigen Schauern mit sehr enger Bündelung kann jedoch eine Registrierung erfolgen. Daher liegen die tatsächlichen Intensitäten zwischen den Werten, bei denen die Korrektur einerseits voll angebracht, andererseits aber vernachlässigt wird.

Für die Silicon-Schicht von 1,2 g/cm^2 wird eine freie Weglänge wie in Luft angenommen (Protonen 120 g/cm^2, α-Teilchen 45 g/cm^2) und für die Zählerwände mit 5,1 g/cm^2 Messing, für Protonen 110 g/cm^2 und für die α-Teilchen 80 g/cm^2. Man erhält dann für Protonen einen Korrekturfaktor von 1,058 und für die α-Teilchen einen solchen von 1,093.

Die Extrapolation des Protonenflusses auf 0 g/cm^2 wurde durch eine einfache Verlängerung der Häufigkeitskurve für Teilchen der Ladung z = 1 vorgenommen. Es ergibt sich damit ein Wert für die Protonen, der zwischen

$$J_p^o = 0{,}078 \pm 0{,}005 \quad \text{und} \quad 0{,}083 \pm 0{,}005 \ (\text{cm}^2 \ \text{sec ster})^{-1}$$

liegt. Die angegebenen Fehlergrenzen enthalten den mittleren statistischen Fehler und die maximale Unsicherheit bei der Bestimmung der Zählerkonstanten.

Eine Berücksichtigung der Albedo führt nach Messungen von K.A. Anderson (24) für die entsprechende geomagnetische Breite zu einem um 0,011 cm^{-2} sec^{-1} ster^{-1} niedrigeren Wert, also zu etwa

$$0{,}067 < J_p^o < 0{,}072 \pm 0{,}004 \ \text{Protonen}/(\text{cm}^2 \ \text{sec ster})$$

Diese Korrektur ist jedoch für unser Teleskop etwas hoch, da die Albedoteilchen den Absorber von unten durchdringen müssen und nach Kernstößen, wenn mehrere Sekundäre entstehen, eliminiert werden können. Wahrscheinlich dürfen nur ca. 70 % der Albedo berücksichtigt werden, denn nur etwa die Hälfte dieser Teilchen erreicht die Proportionalzähler ohne vorherige Kernreaktion.

Eine zu geringe Bezifferung der von oben einfallenden primären Protonen als Folge von Verlusten durch Kernreaktionen im Absorber dürfte unbedeutend sein, da die Protonenenergien meistens oberhalb von 3 BeV liegen und bei derartigen Reaktionen energiereiche Sekundäre auftreten mit einer Erzeugungswahrscheinlichkeit größer als eins. Daraus ergibt sich, daß ein Proton nach einem Kernstoß entweder noch selbst oder durch seine Sekundärteilchen die erforderliche Koinzidenz der untersten Zähler mit den übrigen herbeiführt. Ein gewisser Teil der Sekundären kann allerdings, wenn die Reaktion bald nach Eintritt des Protons in den Absorber erfolgt, mit größerem Winkel gegen die Primärrichtung an diesen Zählern vorbeigehen.

Andererseits besteht die Möglichkeit, daß Teilchen registriert werden, die aus einem größeren als zulässigen Winkel gegen die Vertikale in das Teleskop gelangen und nur über eine Streuung oder durch Sekundärteilchen nach einer Kernreaktion im Absorber die unteren Geigerzähler zum Ansprechen bringen. Dieser Effekt bringt also eine Erhöhung der Zählrate. Die Größe des gesamten systematischen Fehlers, der durch Wechselwirkungen im Absorber hervorgerufen wird, läßt sich schwer angeben.

Eine Auslöschung durch rückwärtslaufende Teilchen im Schauersektor ist unwahrscheinlich, weil die energiereichen Partikel ungefähr in Richtung der primären Teilchen emittiert werden. Die möglicherweise entstehenden Kernverdampfungsprodukte kommen schon nach kurzen Wegstrecken zur Ruhe.

Der absolute Fluß der α-Teilchen wird von den obersten drei Druckintervallen $\bar{p}$ = 17,5, 23,3, 34,0 g/cm^2 ermittelt. Die Intensität beträgt unter 17,5 g/cm^2 Luft 0,0076 $\pm$ 0,0010 α-Teilchen/(cm^2 sec ster). Eine Extrapolation auf 0 g/cm^2 Materie führt über eine Korrektur mit den obengenannten freien Weglängen und einer Ausgleichrechnung zu

$$J_\alpha^o = 0{,}0124 \pm 0{,}0008 \ \text{Teilchen}/(\text{cm}^2 \ \text{sec ster})$$

als obere Grenze unter Berücksichtigung der Verluste im Teleskop. Als untere Grenze findet man bei dieser einfachen exponentiellen Extrapolation (mittlere freie Weglänge $\Lambda = 45\ g/cm^2$) :

$$J_\alpha^o = 0,0113 \pm 0,0008 \text{ Teilchen}/(cm^2 \text{ sec ster})$$

Ein genauerer Wert der primären Alpha-Strahlung erfordert die Berücksichtigung der sekundär in Kernreaktionen schwerer Kerne mit solchen der Luft entstandenen α -Teilchen. Derartige Rechnungen wurden zuerst von Kaplon und Noon (25) bei der Bestimmung des Flusses schwerer Primärkerne ausgeführt.

Vereinfachend betrachtet man die Diffusion der schweren Kerne durch die Atmosphäre auf parallelen Bahnen und vernachlässigt die Verluste durch Ionisation. Letzteres ist, soweit die Partikelenergie groß gegen die Ionisationsverluste bis zum Zähler ist, zulässig. Das trifft für alle Messungen in unserer Breite nur in sehr großen Höhen zu. Außerdem wird angenommen, daß die Spaltprodukte die Richtung und Energie pro Nukleon des Primärkernes beibehalten. Unter diesen Vereinfachungen lassen sich für die einzelnen Komponenten der Strahlung die Diffussionsgleichungen wie folgt schreiben (25):

$$\frac{dJ_\mu(x)}{dx} = -\frac{J_\mu(x)}{\Lambda_\mu} + \sum_{\nu \geq \mu} \frac{P_{\nu\mu}\ J_\nu(x)}{\Lambda_\nu}$$

J_μ ist die Intensität der μ -ten Komponente in Teilchen/(cm^2 sec ster), Λ_μ ihre mittlere freie Weglänge.

$P_{\nu\mu}$ ist die Wahrscheinlichkeit, daß ein Kern der Type ν bei einer Aufspaltung einen sekundären Kern der Type μ erzeugt. Die sukzessive Aufspaltung und Erzeugung von Sekundären ist in obiger Gleichung einbegriffen.

Es erwies sich allgemein als zweckmäßig, die Primärkerne in folgende Gruppen zusammenzufassen:

Schwere Kerne H: $z > 10$, mittlere Kerne M: $6 \leq z \leq 10$, leichte Kerne L: $3 \leq z \leq 5$, $\alpha : z = 2$.

Die Lösungen der Differentialgleichungen sind einfach, da sie sich nacheinander ausführen lassen in der Form

$$y'(x) + f(x)y + g(x) = 0$$

mit der Lösung

$$y(x) = e^{-F(x)} \left[y(x_o)e^{F(x_o)} - \int_{x_o}^{x} g(x)e^{F(x)}dx \right]$$

$F(x)$ = Stammfunktion von $f(x)$.

Es ergeben sich folgende Funktionen für die Intensitäten der Komponenten :

$$J_H(x) = J_H^o \exp\left(-\frac{x}{\Lambda'_H}\right)$$

$$J_M(x) = J_M^o \exp\left(-\frac{x}{\Lambda'_M}\right) + \frac{a_{HM}\ P_{HM}}{\Lambda_H} \left[J_H^o \exp\left(-\frac{x}{\Lambda'_M}\right) - J_H(x) \right]$$

$$J_L(x) = J_L^o \exp\left(-\frac{x}{\Lambda'_L}\right) + \frac{a_{ML}\, P_{ML}}{\Lambda_M}\left[J_M^o \exp\left(-\frac{x}{\Lambda'_L}\right) - J_M(x)\right] + \frac{a_{HL}}{\Lambda_H}\left(P_{HL} + P_{HM} P_{ML} \frac{a_{ML}}{\Lambda_M}\right)$$

$$\left[J_H^o \exp\left(-\frac{x}{\Lambda'_L}\right) - J_H(x)\right]$$

$$J_\alpha(x) = J_\alpha^o \exp\left(-\frac{x}{\Lambda'_\alpha}\right) - \frac{a_{L\alpha}\, P_{L\alpha}}{\Lambda_L}\left[J_L^o + \frac{a_{ML}\, P_{ML}}{\Lambda_M} J_M^o + \frac{a_{HL}}{\Lambda_H} J_H^o \left(P_{HL} + \frac{a_{ML} P_{HM} P_{ML}}{\Lambda_M}\right)\right]$$

$$\left[\exp\left(-\frac{x}{\Lambda'_\alpha}\right) - \exp\left(-\frac{x}{\Lambda'_L}\right)\right] + \left[\frac{a_{M\alpha}}{\Lambda_M}\left(P_{M\alpha} - \frac{a_{ML} P_{ML} P_{L\alpha}}{\Lambda_L}\right)\right]\left[J_M^o + \frac{a_{HM} P_{HM} J_H^o}{\Lambda_H}\right]$$

$$\left[\exp\left(-\frac{x}{\Lambda'_\alpha}\right) - \exp\left(-\frac{x}{\Lambda'_M}\right)\right] + \frac{a_{H\alpha}}{\Lambda_H} J_H^o \left[P_{H\alpha} - \frac{P_{HM} P_{M\alpha} a_{HM}}{\Lambda_M} - \frac{P_{HL} P_{L\alpha} a_{HL}}{\Lambda_L} + \right.$$

$$\left. + \frac{P_{HM} P_{ML} P_{L\alpha}}{\Lambda_M \quad \Lambda_L} \left(a_{HM} a_{ML} - a_{HL} a_{ML}\right)\right]\left[\exp\left(-\frac{x}{\Lambda'_\alpha}\right) - \exp\left(-\frac{x}{\Lambda'_H}\right)\right]$$

(vergl. auch (26))

$$a_{\nu\mu} = \frac{\Lambda'_\nu \; \Lambda'_\mu}{(\Lambda'_\mu - \Lambda'_\nu)} > 0, \quad \Lambda'_\mu > \Lambda'_\nu, \quad \Lambda'_\nu = \frac{\Lambda_\nu}{1 - P_{\nu\nu}}$$

Die letzten verfügbaren Werte für die Spaltwahrscheinlichkeiten stammen von Fowler, Hillier und Waddington (27). Sie werden allgemein durch die Auswertung von Sternen in photographischen Emulsionen gewonnen. Als mittlere freie Weglängen Λ_ν wurden die Werte $\Lambda_H = 18,0 \; g/cm^2$, $\Lambda_M = 27,6 \; g/cm^2$, $\Lambda_L = 34,2 \; g/cm^2$, $\Lambda_\alpha = 45,5 \; g/cm^2$ verwendet (s. (27), (28)). Die absoluten primären Flußwerte für die Korrektur von $J_\alpha(0)$ wurden wie folgt angenommen $J_H(0) = 0,0038$, $J_M(0) = 0,0084$, $J_L(0) = 0,0067$ Teilchen/(cm^2 sec ster) ($J_H^o = 0,45 \cdot J_M^o$, $J_L^o = 0,80 \cdot J_M^o$)

Eine Ausführung dieser Korrekturen führt unter Berücksichtigung der Luftschicht über dem Teleskop und der Materie der Zählrohrwände über den Proportionalzählern zu einer Intensität der primären α -Teilchen von

$$J_\alpha^o = 0,0105 \pm 0,0008 \;\; \text{Teilchen/(cm}^2\text{ sec ster)}$$

Es wurde J_α^o aus den drei obersten Meßintervallen gesondert berechnet und eine Ausgleichsrechnung angeschlossen. In analoger Weise findet man für die untere Grenze

$$J_\alpha^o = 0,0096 \pm 0,0007 \;\; \text{Teilchen/(cm}^2\text{ sec ster)}$$

Eine Beeinflussung dieser Werte durch die Albedo ist zu vernachlässigen, da der α -Anteil sicher verschwindend klein ist. Außerdem wäre bei dem verwendeten Zählrohr- und Absorberaufbau eine

Auslöschung der meisten solcher Ereignisse durch den Schauerselektor zu erwarten. Die von unten kommenden Teilchen müßten vor Erreichen der Proportionalzähler durch den starken Absorber dringen und würden mit großer Wahrscheinlichkeit Kernreaktionen verursachen mit der Folge von sekundären Schauerpartikeln, die durch die Antikoinzidenzschaltung unwirksam gemacht würden.

Dieser Effekt bewirkt also, soweit vorhanden, eine Erhöhung der primären Strahlung. Das Gegenteil ist der Fall, wenn ein Teil der regulär einfallenden α -Teilchen nach der Messung im Proportionalteil infolge von Kernreaktionen im Absorber verschwindet. Partikel, deren Energie pro Nukleon in der Nähe der Abschneideenergie des Gerätes mit ca. 320 MeV liegt, werden im wesentlichen elastisch gestreut, erleiden also keine großen Energieverluste durch die Erzeugung sekundärer Teilchen. Von Protonen ist bekannt, daß bei Energien größer als etwa 1, 5 BeV die Wahrscheinlichkeit der Erzeugung energiereicher geladener Sekundärer (Mesonen, Protonen) pro Kernstoß gleich eins oder größer wird (s. z. B. (22)). Da die α -Teilchen aus vier Nukleonen bestehen, haben sie eine größere Wahrscheinlichkeit beim Kernstoß als Nukleonen oder Mesonen die untersten Geigerzähler im Teleskop zum Ansprechen zu bringen. Aus einem Vergleich der Häufigkeit mit dem Energiespektrum (Näheres s. § 20) ergibt sich eine primäre Abschneideenergie von etwa 1, 2 BeV/Nukleon, so daß eine Korrektur dieser möglichen Intensitätsverluste für die Messungen in großen Höhen vernachlässigbar klein sein dürfte. Haben die α -Teilchen größere Strecken in der Luft zurückgelegt und einen erheblichen Anteil ihrer Energie verloren, so tritt zwar die elastische Streuung wieder in den Vordergrund, aber es wäre eine Korrektur infolge der Verluste durch Kernreaktionen anzubringen. Für den kritischen Energiebereich sind jedoch nur wenige Messungen dieser Streuwahrscheinlichkeiten bekannt.

Eine abschließende Zusammenfassung der auf 0 g/cm^2 extrapolierten Werte findet sich in der Tabelle I. Es werden die Grenzwerte angegeben, wie sie durch die Berücksichtigung bzw. Vernachlässigung der Verluste in den oberen Materieschichten des Teleskops auftreten können (1, 2 g/cm^2 Silicongummi + 5, 1 g/cm^2 Messing). Die genannten Fehler enthalten die statistischen Fehler und die maximale Unsicherheit in der Bestimmung der Geometrie-Konstanten des Teleskops.

Tabelle I

Auf 0 g/cm^2 extrapolierte Intensitäten in Partikel/(cm^2 sec ster).

	Obere Grenze	Untere Grenze
Gesamtstrahlung	0, 096 $\pm$ 0, 005	0, 0905 $\pm$ 0, 005
Protonen ohne Berücksichtigung der Albedo	0, 083 $\pm$ 0, 005	0, 078 $\pm$ 0, 005
Protonen mit Berücksichtigung der Albedo	0, 072 $\pm$ 0, 004	0, 067 $\pm$ 0, 004
α -Teilchen ohne Korrektur der Kernaufspaltung (Λ = 45 g/cm^2)	0, 0124 $\pm$ 0, 0008	0, 0113 $\pm$ 0, 0007
α -Teilchen mit Korrektur der Kernaufspaltung	0, 0105 $\pm$ 0, 0008	0, 0096 $\pm$ 0, 0007

§ 20) Geomagnetische Effekte.

Aus den Absolutwerten der einzelnen Komponenten der Primärstrahlung kann man, soweit die Energiespektren bekannt sind, Rückschlüsse auf die in der Breite des Aufstiegs herrschenden Abschneideenergien ziehen. Dies gilt auch bis zu einem gewissen Grad für den umgekehrten Fall, indem die Abschneideenergien nach der Störmerschen Theorie berechnet werden. Soweit in diesem Abschnitt zu den Intensitäten über Weissenau nichts weiter bemerkt wird, handelt es sich stets um die oberen Grenzwerte (s. § 19).

Für Protonen ergibt sich bei vertikalem Einfall für den geomagnetischen zentrischen Dipol ein Grenzwert des Impulses zu

$$P_{cp} = \frac{K}{R^2} \cos^4\lambda \simeq 14,9 \cos^4\lambda \left[\frac{\text{BeV}}{c}\right]$$

($K = \frac{6,025 \cdot 10^8}{z} \left[\frac{\text{BeV}}{c} \text{km}^2\right]$, R = Abstand des Ortes vom magnetischen Zentrum, λ = geomagnetische Breite, z = Ladungszahl des Teilchens).

Verwendet man die Protonenflüsse zur Untersuchung der minimal erforderlichen magnetischen Steifigkeit, so stößt man auf einige Schwierigkeiten. Eine wichtige davon besteht in der noch wenig erforschten und berücksichtigten Albedo; eine andere stellt das Problem der sekundären Partikel der Ladung $z = 1$ dar, besonders wenn die Messung nicht in großen Höhen erfolgt.

Eindeutiger als die Protonen lassen sich die primären Intensitäten der α-Teilchen bestimmen, soweit sie von anderen Partikeln bei der Messung hinreichend getrennt werden können. Eine Albedo braucht nicht berücksichtigt zu werden. Ungünstig wirkt sich lediglich die geringe Häufigkeit der Heliumkerne aus, so daß die Meßwerte meist mit bedeutenden, statistisch bedingten Fehlern behaftet sind. Dennoch wurden bereits beachtliche Fortschritte bei der Erforschung dieser Komponente erzielt. So wurden inzwischen Versuche unternommen, das Energiespektrum nach der Emulsionstechnik und mit Cerencov-Zählern direkt zu bestimmen (s. (28 - 31)). Außerdem existieren für einige Orte der Erde Angaben über die absoluten Intensitäten (s. (32)). Ein Vergleich mit diesen Daten ist insofern interessant, als man Schlüsse auf die tatsächlichen geomagnetischen Abschneideenergien an bestimmten Punkten ziehen kann. Wenn die aus der geomagnetischen Theorie abgeleiteten Grenzenergien für die einzelnen Orte mit den tatsächlichen Werten übereinstimmen würden, müßten alle Meßpunkt innerhalb der Fehlergrenzen auf einer glatten Kurve liegen, wenn man von zeitlichen Schwankungen absieht. Die Form des Energiespektrums wird von den Autoren etwas voneinander abweichend, aber stets als Potenzgesetz angegeben. Allgemein wird es für die auf 0 g/cm^2 Materie extrapolierten Werte angegeben, aber ohne Berücksichtigung der Aufspaltung schwerer Kerne.

Zur weiteren Auswertung werden nur die neuesten Messungen herangezogen, da damit gleichzeitig die Fehler betreffs der Intensitätsänderung in Abhängigkeit von der Sonnenaktivität auf ein Minimum beschränkt bleiben. Fowler und Waddington (30) fanden mit der Emulsionstechnik für die α-Teilchen folgendes integrale Energiespektrum :

$$J_\alpha (\geq E) = 360^{+50}_{-30}/(m_0c^2 + E)^{1,5} \qquad \alpha\text{-Teilchen}/(\text{m}^2 \text{ sec ster.})$$

E = kinetische Energie pro Nukleon in BeV.

m_0c^2 = Ruhenergie pro Nukleon in BeV.

Es bezieht sich auf Messungen ohne Korrektur der Kernaufspaltung. McDonald (31) bestimmte mit einer Kombination von einem Scintillations- und einem Cerenkovzähler in vier Aufstiegen über verschiedenen geomagnetischen Breiten das Spektrum zu $415/(1+E)^{1,5}$. Die Aufspaltung schwerer Kerne wurde hierbei berücksichtigt. Schließlich sei noch das von Singer (32) aus einer größeren Zahl von Einzelmessungen gewonnene Spektrum genannt: $460/(1+E)^{1,6}$. Es wurde aus der Breitenabhängigkeit der α -Intensität ermittelt. Inwieweit die Kernaufspaltung bei dieser Bestimmung eingeht, läßt sich schwer angeben.

Die Intensität der α -Komponente über Weissenau wurde in der vorligenden Arbeit zu 105 Teilchen/(m^2 sec ster) mit Korrektur der Kernaufspaltung und zu 124 Teilchen/(m^2 sec ster) ohne diese Korrektur bestimmt.

Ermittelt man über die Berechnung der Energie nach obigen Spektren die geomagnetische Breite von Weissenau (konventionelles Dipol-System), so ergeben sich folgende Zahlen :

Tabelle II

	mit Kern-aufspalt.	$\frac{\Delta J_\alpha}{J_\alpha(49^o)}$	ohne Kern-aufspalt.	$\frac{\Delta J_\alpha}{J_\alpha(49^o)}$
Fowler und Waddington (30) $\frac{360}{(0,93+E)^{1,5}}$	$\lambda = 43,5^o$	37 %	$\lambda = 45,4^o$	26 %
McDonald (31) $\frac{415}{(1+E)^{1,5}}$	$\lambda = 42,3^o$	42 %	$\lambda = 44,2^o$	32 %
Singer (32) $\frac{460}{(1+E)^{1,6}}$	$\lambda = 42,1^o$	45 %	$\lambda = 43,9^o$	35 %

Man erkennt bereits aus diesen Werten, daß die effektive geomagnetische Breite mindestens vier Grad unterhalb der "konventionellen" von 49° liegen muß. Vor einer abschließenden Angabe der Breitenänderung wird die Intensität der Protonen in ähnlicher Weise untersucht.

Für die Protonen ermittelte McDonald (31) das folgende integrale Spektrum:

$$J_p = \frac{6600}{(1+E)^{1,5}} \quad \text{Teilchen/(m}^2\text{ sec ster).}$$

Es soll für Breiten zwischen 0° und 41° N Gültigkeit haben. Die Kurve verläuft zwischen den Meßpunkten mit und ohne Korrektur der Albedo aber näher an ersteren vorbei. Die Messung wurde mit den oben genannten Scintillations-Cerenkov-Zählern ausgeführt.

Peters (28) fand mit der Emulsionstechnik schon vor längerer Zeit ein Spektrum der Form

$$J_p = \frac{3800}{(1+E)} \quad \text{Teilchen/(m}^2\text{ sec ster).}$$

Es gilt sicher ohne Korrektur der Albedo.

Schließlich soll noch das aus der Breitenabhängigkeit der Protonenintensität aufgrund von Einzelmessungen bestimmte Spektrum von Singer (32) genannt werden:

$J_p(\geq E) = \frac{4000}{(1+E)^{1,15}}$ Teilchen/(m^2 sec ster). Die Albedo wurde hierbei nicht subtrahiert.

Ein Vergleich der über Weissenau gemessenen Werte

J_p = 720 Protonen/(m^2 sec ster) mit Berücksichtigung der Albedo,

J_p = 830 Protonen/(m^2 sec ster) ohne Berücksichtigung der Albedo,

mit den oben zitierten Spektren führt formal zu folgenden geomagnetischen Breiten (konventionelles System) :

Tabelle III

		mit Albedo-Korr.	$\frac{\Delta J_p}{J_p(49^o)}$	ohne Albedo-Korr.	$\frac{\Delta J_p}{J_p(49^o)}$
McDonald (31)	$J_p = \frac{6600}{(1+E)^{1,5}}$	$\lambda = \underline{43,1^o}$	44 %	$\lambda = 44,5^o$	35 %
Peters (28)	$J_p = \frac{3800}{1+E}$	---		$\lambda = \underline{42,4^o}$	35 %
Singer (32)	$J_p = \frac{4000}{(1+E)^{1,15}}$	$\lambda = 42,9^o$	37 %	$\lambda = \underline{44,8^o}$	28 %

Zusammenfassend kann festgestellt werden, daß die effektive geomagnetische Breite von Weissenau demnach zwischen 43 und 45° liegt, wahrscheinlich sogar im engeren Intervall von 43 - 44°. Somit ergibt sich eine Verschiebung $\Delta\lambda$ von mindestens 4°, aber wahrscheinlich von 5 – 6° gegenüber der bisher angenommenen Breite. Die Fehler der eigenen Messungen verursachen eine Unsicherheit von $\pm 1^o$. Sowohl die Intensität der α -Strahlung, der Gesamtstrahlung und der Protonen, als auch die Häufigkeit der schweren Kerne ($z \geq 3$) ist mit diesen Werten gut verträglich. Die zuletzt genannte Übereinstimmung wird in Abb. 31 gezeigt. Die dort eingezeichnete Kurve stellt den nach Intensitäts-Messungen von Kaplon et al. (25) und Spaltwahrscheinlichkeiten von Fowler et al. (27) zu erwartenden Gang des Gesamtflusses ($J_H + J_M + 0,85 \times J_L$) der schweren Kerne mit der Restmaterie dar. Die Meßwerte geben die Häufigkeit der Impulse mit Übersteuerung des Sondenverstärkers entsprechend $\sqrt{h} > 3,2$ wieder.

Die oben genannten starken Abweichungen lassen sich durch statistisch bedingte Fehler sicher nicht erklären. Auch mit den systematisch möglichen Meßfehlern würden diese geringen Strahlungsflüsse nicht ganz leicht zu deuten sein. Zu disen Fehlerquellen gehörte z. B. eine starke Überschätzung der Erzeugungswahrscheinlichkeiten für energiereiche sekundäre Teilchen bei Kernreaktionen im Absorber.

Eine andere Deutung wäre in einer starken zeitlichen Schwankung der Ultrastrahlung zu suchen. Um Aussagen hierüber machen zu können, muß man zumindest die Intensitäten am Boden für die zu vergleichenden Aufstiegszeiten zur Verfügung haben. Besonders geeignet sind die Registrierungen der Neutronenflüsse, da die erforderlichen Korrekturen leicht ermittelt werden können. Leider gehen die Neutronenregistrierungen von Weissenau nur bis Oktober 1956 zurück, während die zum Vergleich herangezogenen Ballonaufstiege anderer Autoren vor dieser Zeit durchgeführt wurden.

Der eigene Aufstieg am 24.4.1957 befindet sich in der Zeit der Erholungsphase nach einem magnetischen Sturm, wie man aus Abb. 38 entnehmen kann. Es wurden die korrigierten Tagesmittel der relativen Neutronenhäufigkeit für die Monate Oktober und November 1956 und April und Mai 1957 aufgetragen. Der Aufstiegstag wurde durch einen Pfeil markiert. Zum maximalen registrierten Niveau (Ende Oktober und Anfang November 1956) findet man eine Differenz von ca. 10 %. Diese Schwankung geht auf eine etwa doppelt so hohe Änderung der primären Strahlung zurück (33). Damit ließen sich maximal etwa 20 % von der gemessenen 35 - 45 prozentigen Erniedrigung im Vergleich zu den obengenannten Spektren erklären. Da jedoch die erforderlichen Unterlagen zu einem genauen Vergleich fehlen, müssen die Korrekturen auf zeitliche Änderungen einer späteren Arbeit vorbehalten bleiben. Außerdem wird in diesem Abschnitt stets mit den oberen Grenzen der eigenen Meßwerte gerechnet, so daß die Differenz zu den tatsächlichen Werten entgegen der zu erwartenden zeitlichen Änderung gerichtet ist.

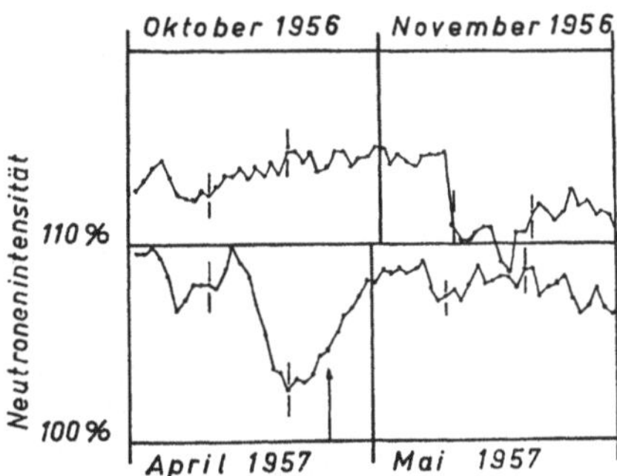

Abb. 38 Registrierung der Neutronen am Boden für die Zeit vom Oktober bis November 1956 und April bis Mai 1957. Korrigierte Tagesmittel.

Es bleibt also noch die Möglichkeit einer reellen Verschiebung der geomagnetischen Abschneideenergie gegenüber der allgemein akzeptierten und besonders den über Amerika angenommenen. Immerhin wurden fast alle bekannten Messungen der α -Strahlung über Amerika ausgeführt. Inzwischen sind jedoch auch einige Ergebnisse über Europa erschienen. So fanden Waddington (29) , Fowler und Waddington (30), Aly und Waddington (34) und Reinharz (35) über England und Italien ebenfalls Verschiebungen zwischen 2 und 6 geomagnetischen Breitengraden. Ihre Ergebnisse wurden in Abb. 39 eingetragen. Die eigenen Messungen befinden sich mit diesen demnach sehr gut im Einklang. Lediglich De Marco (36) fand über Sardinien noch wesentlich geringere Intensitäten, die mit den übrigen Werten jedoch nicht ganz übereinstimmen. Zum Vergleich wurden die aus etlichen Einzelmessungen gemittelten α -Intensitäten über Minnesota (55°) und White Sands (41°) in Nord-Amerika in Abb. 39 eingetragen. Die Anführung weiterer Werte würde durch die vorhandenen Streuungen in diesem Zusammenhang nur verwirrend wirken.

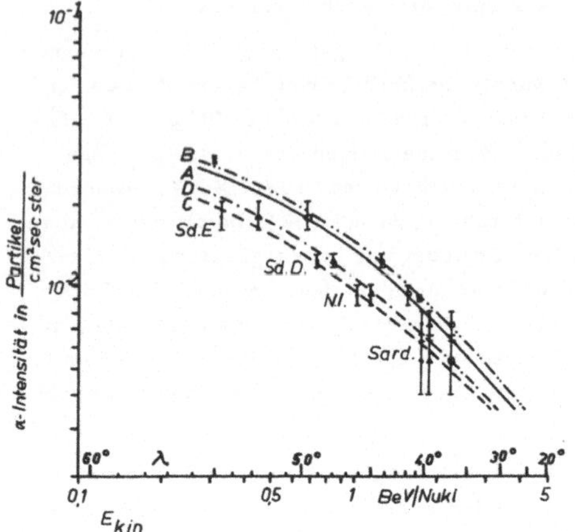

Abb. 39 Energiespektrum der α-Teilchen ohne Berücksichtigung der Kernaufspaltung:

- Meßpunkte über den Abschneideenergien des konv. zentr. Dipols
- Meßpunkte über E_c des exzentr. Dipols
- Meßpunkte über E_c des um 15° gedrehten exzentr. Dipols
- Messungen über Nordamerika, konv. zentr. Dipolfeld (41°, 55°).

A ——— Spektrum nach Fowler und Waddington (30)

B -..-.. Spektrum nach McDonald (31)

C ------ Kurve A entspr. 3,75° verschoben

D -.-.-. Kurve A entspr. 2,4° verschoben.

Sd.E = Süd-England (29)
Sd.D = Süd-Deutschland
N.I. = Nord-Italien (30)
Sard. = Sardinien (34, 35)

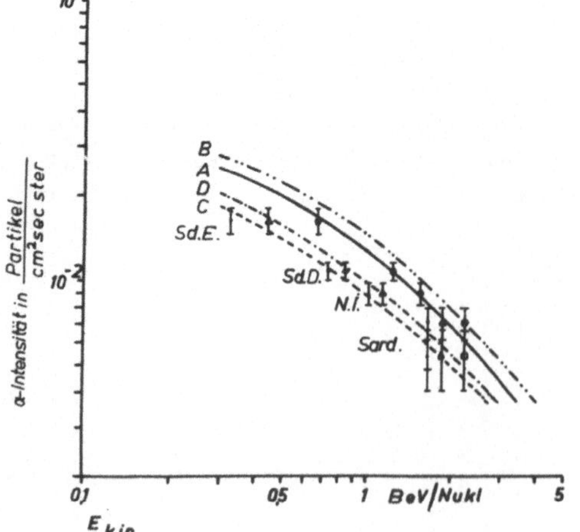

Abb. 40 Energiespektrum der α-Teilchen mit Berücksichtigung der Kernaufspaltung:

- Meßpunkte über den Abschneideenergien des konv. zentr. Dipols
- Meßpunkte über E_c des exzentr. geomagn. Dipols
- Meßpunkte über E_c des um 15° gedrehten exzentr. Dipols

A ——— Reduziertes Spektrum nach Fowler und Waddington (30)

B -..-.. Spektrum nach McDonald (31)

C ----- Kurve A entspr. 4,5° verschoben

D -.-.- Kurve A entspr. 3,0° verschoben

Wegen der Abhängigkeit der extrapolierten Intensitäten von der Art der Korrektur werden die beiden Fälle a) ohne und b) mit Berücksichtigung der Aufspaltung schwerer Kerne gesondert behandelt. In Abb. 39 wurden die europäischen Messungen über den Abschneideenergien des zentrischen Dipolfeldes aufgetragen. (Die eigene Messung über Süddeutschland wird durch "Sd. D" gekennzeichnet). Die Kurven A und B stellen das Energiespektrum der α-Teilchen nach Fowler und Waddington (30) und nach McDonald (31) dar. Das um 3, 75° nach niederen Energien verschobene Spektrum A ist den Messungen einigermaßen angepaßt. Für das Spektrum B erhöht sich diese Verschiebung um 1 - 2°. (Siehe Kurve C) .

In Abb. 40 werden die Verhältnisse für Intensitäten mit Korrektur der Kernaufspaltung wiedergegeben. Das Energiespektrum von Fowler und Waddington wurde entsprechend ihrer Origenalwerte reduziert. Die gemeinsame Verschiebung der effektiven geomagnetischen Breite beträgt für das konventionelle System 4, 5° nach Kurve A und 6, 5° nach Kurve B. (s. Kurve C).

Ein Teil der genannten Verschiebungen der Abschneideenergien kann mit der Berücksichtigung der Exzentrizität des geomagnetischen Dipols erklärt werden, dessen Achse parallel zu der des zentrischen Dipols liegt. Man erhält beim Wechsel zwischen diesen beiden Systemen für Weissenau eine Änderung der magnetischen Steifigkeit von 0, 32 $\frac{BeV}{c}$ für Protonen und damit eine äquivalente Verschiebung der Breite um 1, 4 Grad.

Ein Versuch zur Elimination der durch den Übergang zum exzentrischen System hervorgerufenen Wirkung wird in Abb. 39 und 40, Kurve D, veranschaulicht. Es wurden die über Europa gemessenen Häufigkeiten über den Abschneideenergien für den exzentrischen Dipol aufgetragen. Damit entfällt die für Kurve C scheinbar vorhandene Abweichung des Wertes von Südengland. Mit guter Näherung bleibt eine gemeinsame Verschiebung von etwa 2, 5 bis 3° nach geringeren geomagnetischen Breitengraden für die europäischen Daten nach dem Spektrum A und eine solche von 4 bis 5° nach dem Spektrum B von McDonald. Hierbei zeigt sich außerdem, daß die auf Kernspaltungen korrigierten Werte geringere Streuungen aufweisen.

Die noch vorhandenen Diskrepanzen sind in Zusammenhang zu bringen mit den Ermittlungen des effektiven geomagnetischen Äquators, wie er sich aus Ultrastrahlungsregistrierungen ergibt und für den Feldverlauf in größerer Entfernung von der Erdoberfläche charakteristisch sein dürfte. Er weicht vom konventionellen System ab. Eine Zusammenfassung der Meßergebnisse mit einer Diskussion findet sich bei Simpson et al. (37). Sie ermitteln zur Beschreibung der kosmischen Strahlung eine notwendige Drehung des bekannten Dipolfeldes um 40° bis 45° in westliche Richtung ohne erforderliche Änderung der Inklination oder Exzentrizität. In Zentral-Nordamerika ändert sich dabei die geomagnetische Breite nur unwesentlich.

Eine Berechnung der durch diese Drehung entstehenden Verschiebungen der Abschneideenergien führt für Europa zu einer nicht unerheblichen Überkompensation des vorhandenen Effektes. Eine Drehung um ca. 15° reicht zur Deutung der verbliebenen Diskrepanzen aus. In Abb. 39 und 40 wurden die α-Flüsse über den entsprechend bestimmten Energien E_c aufgetragen (λ_o = 290, 0° → 275°) unter Berücksichtigung der Exzentrizität des magnetischen Dipols. Zu einem ähnlichen Ergebnis gelangte Pfotzer (38) bei der Betrachtung der Abklingphase der solaren Ultrastrahlungseruption vom 23.2.1956. Unter der Annahme einer isotropen Richtungsverteilung der Strahlung, verursacht durch Streuung an interplanetarischen Magnetfeldern, wurden die normierten Neutronenintensitäten verschiedener Stationen über den berechneten Abschneideimpulsen aufgetragen. Dabei traten systematische Abweichungen der europäischen von den amerikanischen Stationen auf. Eine Drehung des konventionellen Systems um 45° rief jedoch eine starke Aufspaltung im entgegengesetzten Sinne hervor. Eine Drehung um 15° führte zu guten Ergebnissen bei kleinen Impulsen, aber zu Abweichungen bei mittleren Impulsen P_c. Allerdings ist bei derartigen Eruptionen eine gewisse Anisotropie der Strahlung nicht ganz auszuschließen.

Die niedriger als erwartete Abschneideenergie über Minneapolis (55° geomagn. Breite,USA) läßt sich damit jedoch noch nicht erklären. Es verbleibt eine Verschiebung entsprechend 2 bis 3°, entgegengesetzt derjenigen über Europa.

E. Anhang

§ 21) Berechnung der Zählergeometrie des Teleskops.

Die Zählrate N eines Teleskops hängt ab von der Intensität J der Strahlung, der effektiven Größen des Gerätes und seiner Ansprechwahrscheinlichkeit.

Allgemein läßt sich N als ein Integral über eine Oberfläche darstellen:

$$N = A \int_{O} J \cdot f \cdot \omega \cdot d\sigma$$

A = Ansprechwahrscheinlichkeit
f = effektive Fläche
ω = Raumwinkel
$d\sigma$ = Oberflächenelement

Für eine isotrope Strahlung, wie sie die Ultrastrahlung in großen Höhen für den oberen Halbraum darstellt, kann man die Intensität $J = J_o$ = const. vor das Integral nehmen.

Bei einem quaderförmigen Teleskop, was für das hier benutzte in sehr guter Näherung gilt, bieten sich orthogonale Koordinaten in einer Ebene als besonders günstig an, da nicht bis $\gamma = \pi/2$ (in üblichen Polarkoordinaten) integriert werden muß. Eine Berücksichtigung der Enden der kreisrunden Zähler muß prinzipiell bei jeder rechnerischen Methode durchgeführt werden, ist aber bei Zählrohren ohne Korrektur der Feldverzerrungen an den Enden nicht sauber zu erfassen und zudem bei unseren Teleskopabmessungen sehr klein.

Zunächst werden die apparativen Konstanten für eine isotrope Strahlungsverteilung berechnet. Das Teleskop habe die Länge ℓ, Breite b und Höhe h; die Winkel φ_m und ϑ_m werden durch $\operatorname{arctg}\frac{\ell}{h}$ und $\operatorname{arctg}\frac{b}{h}$ gegeben (s. Skizze).

Die effektive Fläche wird in Abhängigkeit von ϑ :

$$f(\vartheta) = F\left(1-\frac{b'}{b}\right) = \ell(b - h\,tg\vartheta) = \ell h\,(tg\,\vartheta_m - tg\,\vartheta)$$

$$F = b \cdot \ell$$

Analog ergibt sich $f(\varphi)$, so daß

$$f(\vartheta, \varphi) = h^2\,(tg\,\vartheta_m - tg\,\vartheta)\,(tg\,\varphi_m - tg\,\varphi)$$

wird.

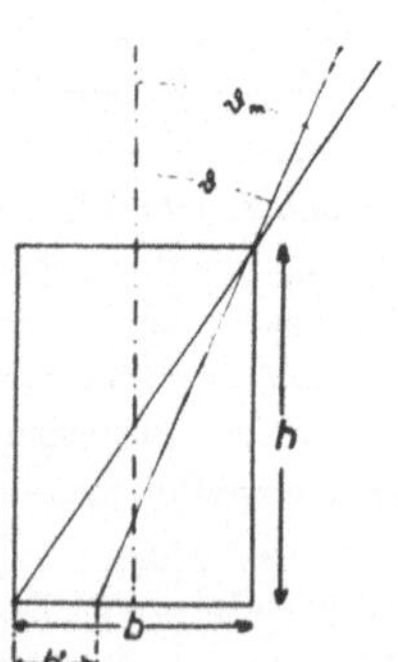

Abb. 41 a Skizze zur Berechnung der effektiven Fläche.

Für das Raumwinkelelement gilt $d\omega = \frac{df}{r^2} = \frac{db\, d\ell}{r^2}$

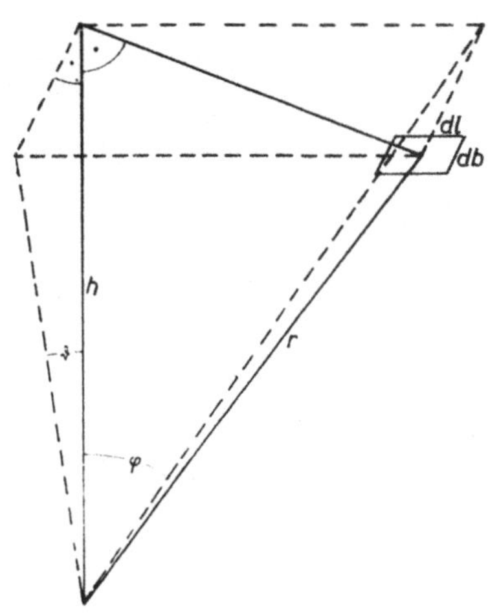

Abb. 41 b Skizze zur Berechnung des Raumwinkels.

$$db = \frac{r\, d\vartheta}{\cos\vartheta} \qquad d\ell = \frac{r\, d\varphi}{\cos\varphi} \qquad \frac{df}{r^2} = \frac{d\vartheta}{\cos\vartheta} \cdot \frac{d\varphi}{\cos\varphi}$$

$$N = J_o \int f(\vartheta, \varphi) \cdot d\omega$$

$$N = J_o\, h^2 \int_{\vartheta_1}^{\vartheta_2} \int_{\varphi_1}^{\varphi_2} \frac{(\operatorname{tg}\vartheta_m - \operatorname{tg}\vartheta)}{\cos\vartheta} \cdot \frac{(\operatorname{tg}\varphi_m - \operatorname{tg}\varphi)}{\cos\varphi}\, d\varphi\, d\vartheta$$

$$N = J_o\, 4h^2 \int_0^{\operatorname{arctg}\frac{b}{h}} \frac{(\operatorname{tg}\vartheta_m - \operatorname{tg}\vartheta)}{\cos\vartheta}\, d\vartheta \int_0^{\operatorname{arctg}\frac{\ell}{h}} \frac{(\operatorname{tg}\varphi_m - \operatorname{tg}\varphi)}{\cos\varphi}\, d\varphi$$

$$N = N(0) = J_o\, 4h^2 \left(\operatorname{tg}\vartheta_m \ln\left|\operatorname{tg}\left(\frac{\vartheta_m}{2} + \frac{\pi}{4}\right)\right| - \frac{1}{\cos\vartheta_m} + 1\right)$$

$$\left(\operatorname{tg}\varphi_m \ln\left|\operatorname{tg}\left(\frac{\varphi_m}{2} + \frac{\pi}{4}\right)\right| - \frac{1}{\cos\varphi_m} + 1\right)$$

$$\vartheta_m = \operatorname{arctg}\frac{b}{h}, \qquad \varphi_m = \operatorname{arctg}\frac{\ell}{h}$$

Berechnung für eine Intensitätsabhängigkeit der Strahlung proportional $\cos^2\gamma$: (γ ist der Winkel zwischen der Vertikalen und der Richtung der einfallenden Strahlung.)

$$J = J_{o\perp} \cos^2\gamma \,.$$

Da

$$\cos^2\left(\frac{\pi}{2} - \vartheta\right) + \cos^2\left(\frac{\pi}{2} - \varphi\right) + \cos^2\gamma = 1$$

und

$$\cos^2\gamma = 1 - \sin^2\vartheta - \sin^2\varphi$$

wird

$$N(2) = J_{o\perp} \; 4h^2 \int_0^{\varphi_m} \int_0^{\vartheta_m} \frac{(\operatorname{tg}\vartheta_m - \operatorname{tg}\vartheta)}{\cos\vartheta} \frac{(\operatorname{tg}\varphi_m - \operatorname{tg}\varphi)}{\cos\varphi} (1 - \sin^2\vartheta - \sin^2\varphi)\, d\vartheta\, d\varphi$$

$$\begin{aligned} N(2) = J_{o\perp} \; 4h^2 & \left(\operatorname{tg}\varphi_m \ln\left|\operatorname{tg}\left(\frac{\varphi_m}{2} + \frac{\pi}{4}\right)\right| - \frac{1}{\cos\varphi_m} + 1\right) \\ & \left(\operatorname{tg}\vartheta_m \ln\left|\operatorname{tg}\left(\frac{\vartheta_m}{2} + \frac{\pi}{4}\right)\right| - \frac{1}{\cos\vartheta_m} + 1\right) \\ - & \left(\operatorname{tg}\varphi_m \ln\left|\operatorname{tg}\left(\frac{\varphi_m}{2} + \frac{\pi}{4}\right)\right| - \frac{1}{\cos\varphi_m} + 1\right) \\ & \left(\operatorname{tg}\vartheta_m \ln\left|\operatorname{tg}\left(\frac{\vartheta_m}{2} + \frac{\pi}{4}\right)\right| - \frac{2}{\cos\vartheta_m} + 2\right) \\ & \left(\operatorname{tg}\vartheta_m \ln\left|\operatorname{tg}\left(\frac{\vartheta_m}{2} + \frac{\pi}{4}\right)\right| - \frac{1}{\cos\vartheta_m} + 1\right) \\ & \left(\operatorname{tg}\varphi_m \ln\left|\operatorname{tg}\left(\frac{\varphi_m}{2} + \frac{\pi}{4}\right)\right| - \frac{2}{\cos\varphi_m} + 2\right) \end{aligned}$$

oder

$$\begin{aligned} N(2) = J_{o\perp} \; 4h^2 & \left(\operatorname{tg}\vartheta_m \ln\left|\operatorname{tg}\left(\frac{\vartheta_m}{2} + \frac{\pi}{4}\right)\right| - \frac{1}{\cos\vartheta_m} + 1\right) \left(\frac{1}{\cos\varphi_m} - 1\right) \\ - & \left(\operatorname{tg}\varphi_m \ln\left|\operatorname{tg}\left(\frac{\varphi_m}{2} + \frac{\pi}{4}\right)\right| - \frac{1}{\cos\varphi_m} + 1\right) \\ & \left(\operatorname{tg}\vartheta_m \ln\left|\operatorname{tg}\left(\frac{\vartheta_m}{2} + \frac{\pi}{4}\right)\right| - \frac{2}{\cos\vartheta_m} + 2\right) \end{aligned}$$

Ein nach diesen Gleichungen berechneter Wert muß mit dem Faktor der Ansprechwahrscheinlichkeit korrigiert werden. Auch apparative Eigenheiten lassen sich hierbei berücksichtigen, so z.B. eine geringfügige Unterbrechung der Zählfläche, wie sie bei der Anordnung mehrerer Zählrohre nebeneinander durch die Wände mit eventuellen Zwischenräumen entsteht. Bei unserem Teleskop beträgt die Korrektur - 2 %.

Mit folgenden effektiven Daten des Teleskops wird gerechnet :

$$\ell = 12{,}0 \text{ cm}, \quad b = 3{,}80 \text{ cm}, \quad h = 26{,}0 \text{ cm}$$

Damit erhält man für die isotrope Strahlung (korrigiert)

$$N(0) = J_o \cdot 2{,}96 \text{ sec}^{-1} \qquad [J_o] = \frac{\text{Partikel}}{\text{cm}^2 \text{ ster sec}}$$

und für die $\cos^2\gamma$ Abhängigkeit, wie sie für die Messungen am Boden zutrifft :

$$N(2) = J_{o\perp} \cdot 2{,}86 \text{ sec}^{-1} \qquad [J_{o\perp}] = \frac{\text{Partikel}}{\text{cm}^2 \text{ ster sec}}$$

Eine KONTROLLE der berechneten Werte wurde experimentell durch den Vergleich der Impulshäufigkeiten des kleinen Aufstiegsteleskops mit denen eines großen Ultrastrahlungsregistriergerätes ermöglicht, bei dem eine Ungenauigkeit in der Bestimmung der effektiven Längen der Zählrohre prozentual nicht so stark ins Gewicht fällt. Es handelt sich hierbei um eine Standardapparatur für die Registrierung der Mesonen am Erdboden; sie hat etwa kubische Form mit 41, 5 cm Länge, 42, 0 cm Breite und einer Höhe von 41, 5 cm. Mit Hilfe der Messungen bei einer Absorberdicke von 10 cm Blei läßt sich der Bodenwert $J_{o\perp}$ ermitteln. Er weicht praktisch nicht von dem zu dem Teleskopabsorber gehörenden Wert ab, da einer Reichweite von 10 cm Pb eine Mesonenenergie von 150 MeV entspricht und von 8 cm Kupfer eine solche von ca. 160 MeV. Aus der Gleichung für N in der Form $N = C\, J_o$, wo C die apparative Konstante bei bestimmter Winkelabhängigkeit der Strahlung ist, läßt sich C ermitteln, wenn die Zahl N der Koinzidenzen pro Zeiteinheit gemessen wurde.

Die apparative Konstante wurde für das oben genannte große Gerät für die $\cos^2\gamma$-Abhängigkeit ohne Korrekturen zu 1198 cm^2 ster, berechnet. Mit Berücksichtigung der Ansprechwahrscheinlichkeit und der Verluste der effektiven Fläche durch Zählerwände wird $C_\mu = 1030 \text{ cm}^2$ ster. Bei einer Koinzidenzrate von 8, 85 pro Sekunde ergibt sich $J_{o\perp} = 0{,}00859$ Imp/(sec cm^2 ster).

Mit der Aufstiegsapparatur wurde unter gleichen Bedingungen und zusätzlicher Druckkorrektur $0{,}0243 \pm 0{,}0005 \frac{\text{Imp}}{\text{sec}}$ gemessen. Daraus kann die gesuchte Größe C bestimmt werden zu $C(2) = 2{,}83$ cm^2 ster. und über den Quotienten $\frac{C(0)}{C(2)} = 1{,}035$ wird $C(0) = 2{,}93 \text{ cm}^2$ ster. für den isotropen Strahlungsfluß. Rein rechnerisch war $C(0) = 2{,}96$ ermittelt worden.

Es wird also eine sehr gute Übereinstimmung des rein rechnerisch bestimmten mit dem im wesentlichen experimentell ermittelten Wert gefunden. Benutzt man den Wert von 2, 96 cm^2 ster für C (0), so weicht dieser mit Sicherheit nicht mehr als 5 % von der genauen Größe ab.

§ 22) Wärmeschutz.

Die Temperatur fällt in der Atmosphäre im Jahresmittel mit zunehmender Höhe h bis etwa h = 11 km auf ca. -55°C ab, bleibt bis etwa 22 km Höhe konstant und steigt dann bis h = 50 km wieder an. Die jährliche Amplitude beträgt in 30 km Höhe 20 - 25°, der mittlere Wert der Temperatur ca. -48°C.

Ein ausreichender Wärmeschutz ist weniger notwendig für die Elektronik als für die Batterien. Die Kapazität der meisten Akkumulatoren läßt bereits unterhalb von 0°C merklich nach und hat bei -20° höchstens die Hälfte des Wertes von +20°C. Dies gilt für Bleisammler und in stärkerem Maße für Silber-

Zink - Akkumulatoren. Die Trockenbatterien weisen ebenfalls eine Temperaturabhängigkeit von Kapazität und Spannung auf. Letzteres kann sich beim Betrieb der Proportionalzähler ungünstig auswirken, da immerhin 800 Einzelzellen in der Hochspannungsbatterie in Serie geschaltet sind. Ferner ist ein starker Temperaturabfall während des Aufstieges auch für die Zählrohre nicht unbedingt angebracht wegen möglicher Adsorptionseffekte an den Zählerwänden.

Aus all diesen Gründen ist also eine ungefähre Temperaturkonstanz oberhalb von 0°C erforderlich, am besten zwischen + 10°C und + 30°C.

Reicht die elektrische Wärmeerzeugung der Geräte bei mäßigem Aufwand an Isoliermaterial nicht aus, so bietet sich die Sonnenstrahlung bei Tagesaufstiegen als Energiequelle an. Im einfachsten Fall wird man die Außenhülle der Sonde zur Strahlungsabsorption schwärzen. Eine in dieser Weise gewonnene Temperaturerhöhung reichte für den getrennt aufgehängten Sondensender aus.

Eine stärkere und gleichmäßigere Erwärmung der Geräte erzielt man jedoch unter Ausnutzung des bekannten Treibhauseffektes (39), bei dem die kurzwellige Strahlung durch eine in diesem Wellenlängenbereich durchlässige Hülle (z. B. Zellophan) zur geschwärzten Fläche der Sonde dringen kann, dort in Infrarotstrahlung entsprechend der Zimmertemperatur durch Absorption transformiert wird und die Energieabgabe durch Strahlung nach außen hin wegen der herabgesetzten Strahlungstemperatur stark reduziert wird. Zudem ist die oben erwähnte Hülle im Infrarot undurchlässig. Das Verhältnis von Einstrahlung zu Rückstrahlung beträgt etwa $4 \cdot 10^5$. Infolge der geschlossenen Hülle um den eigentlichen Behälter entsteht hier ein temperaturausgleichender Raum, der zugleich als Isolierschicht wirkt.

Es mußte nun vor dem Ballonaufstieg eine Abschätzung der erforderlichen Schwärzungen und Isolierungen gefunden werden, die sowohl eine zu tiefe als auch eine zu hohe Temperatur der Apparate während des Fluges ausschloß.

Die Geräte erhielten als ersten Wärmeschutz einen Porosintkasten von 2 cm Wandstärke, auf dessen Außenseite die Schwärzung anzubringen war. Der Zwischenraum zur Zellophanhülle hatte von dort eine Weite von ca. 8 cm. Die Wärme elektrischen Ursprungs (6 W) wurde dissipiert über Wärmeleitung durch das Porosint und über Wärmeleitung, Konvektion und Strahlung durch die Luftschicht zur Außenhülle. Die Gleichung für die stationäre Wärmeleitung lautet:

$$W = k \cdot F \frac{\Delta T}{l}$$

(W = transportierte Wärme, k = Wärmeleitzahl, F = Fläche, ΔT = Temperaturdifferenz, l = Stärke der Schicht)

Für Porosint wurde k zu ca. 0,029 Kcal m^{-1} h^{-1} $grad^{-1}$ bestimmt. Die äquivalente Wärmeleitzahl k' wurde für die Luftschicht von 8 cm zu ca. 0,15 Kcal m^{-1} h^{-1} $grad^{-1}$ unter stationären Bedingungen ermittelt (mittlere Temperatur $\simeq 5^{\circ}$C). Der Porosintkasten war hierbei weiß in weißer Umgebung. Bei Flächen hoher Strahlungszahl (A = 0,9) liegt dieser Wert bei ca. 0,36 Kcal m^{-1} h^{-1} $grad^{-1}$. Ein Versuch mit Schwärzung der einen Fläche ergab k' = 0,20. Diese Werte von k' gelten jedoch nur für Atmosphärendruck. Der Wärmeübergang durch Konvektion geht etwa proportional mit $\rho^{0,75}$ (ρ = Dichte des Gases). Hierin liegt nun die besondere Schwierigkeit; die Wärmeabgabe hängt stark von der Höhe ab, die Sonneneinstrahlung hingegen nur wenig.

Es soll nun die erforderliche Absorptionsfläche F berechnet werden, die eine Innentemperatur von + 20° ermöglicht. Als Außentemperatur werden Werte angenommen, wie sie im Frühjahr herrschen. In der letzten Spalte der Tabelle IV werden die Mindestwerte von F in Prozenten der ausnutzbaren Kastenfläche für verschiedene Höhen angegeben, so daß t_i = + 20°C wird.

Diese Flächenforderungen zwingen zu einem Kompromiß, die verfügbare Fläche F beträgt im Mittel 0,18 m^2, für den Aufstieg wären hiervon 25 - 33 % zu schwärzen, wenn das Ballongespann sich längere Zeit über 25 km aufhält. Wegen der Unsicherheit der Ausschwebehöhe und weiterer unberücksichtigter Wärmeverluste wurden 33 % der Fläche (ca. 0,060 m^2) geschwärzt. Abb. 14 zeigt die präparierte Sonde mit Außenhülle. Hiermit läßt sich eine grobe Vorhersage für die Temperaturen t_k an der Außenfläche des Porosintkastens für stationäre Verhältnisse machen.

Tabelle IV

Treibhauseffekt in verschiednen Höhen unter stationären Bedingungen. Abschätzung der mittleren Temperatur t_k an der Schutzkastenoberfläche bei einer 33-prozentigen Schwärzung. Berechneter Flächenanteil $F_{min}/\overline{F}$, der zumindest geschwärzt werden muß, wenn die Sonde auf + 20° C erwärmt werden soll.

Höhe (km)	Außentemp. (°C)	t_k (°C)	$F_{min}/\overline{F}$ (%)
0	+ 5	+ 17	41
5	- 18	+ 5	56
10	- 50	- 15	66
20	- 56, 5	+ 18, 5	34
27	- 53	+ 54	23
30	- 48	+ 66	20

Der Temperaturverlauf im Gerät selbst ist diesen starken Schwankungen sicher nicht unterworfen, da die stationären Verhältnisse während des Aufstiegs nicht erreicht werden. Zudem dämpft der Porosintkasten mit der elektrischen Heizung und Wärmekapazität der Geräte den Temperaturgang ganz wesentlich. Abb. 27 bringt eine Darstellung der Temperatur und der Höhe in Abhängigkeit von der Zeit während des Ballonaufstieges. Man sieht, daß die Innentemperatur nur zwischen 18 und 26° schwankte, so daß ein Versagen der Apparatur durch zu kalte Batterien usw. nicht in Betracht kam. Zudem ergab die grobe Abschätzung des Wärmeausgleichs recht gute Werte der zu erwartenden Temperaturen, bei der nur näherungsweise gültigen $\rho^{0,75}$-Abhängigkeit der Konvektion.

§ 23) Ballontechnik.

Will man nicht nur die Höhenabhängigkeit der Komponenten der Ultrastrahlung untersuchen, sondern den Fluß der Primärstrahlung mit genügender Genauigkeit messen, so muß das Ballongespann in großer Höhe ausschweben. Dies gilt besonders für die zu untersuchenden schweren Kerne, die nur mit geringer Häufigkeit die obere Stratosphäre erreichen.

Derartige Flüge in konstanter Höhe lassen sich gut mit großen, nicht dehnbaren Ballonen aus plastischem Material durchführen, bei denen während des Aufstieges die überflüssig werdende Gasmenge durch eine weite Öffnung abgelassen wird. Die maximale Höhe wird erreicht, wenn das verbleibende Füllgas den Ballon gestrafft hat und gerade die für Ballongewicht und Last erforderliche Tragkraft aufweist.

Leider sind diese Ballone sehr groß und teuer, schon für Nutzlasten von 30 kg, wenn eine Flughöhe von ca. 30 km erreicht werden soll. Aus diesem Grunde mußten die relativ ungleich billigeren dehnbaren Neoprenballone verwendet werden. Die Hülle wiegt 2,4 kg; bei 3 kg Nutzlast lassen sich Höhen von über 30 km erzielen.

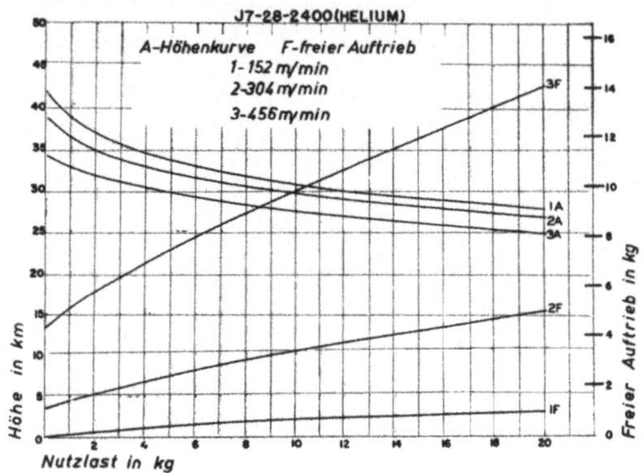

Abb. 42 Charakteristische Kurven der verwendeten Darex-Ballone. (Diagramm der Firma Dewey and Almy)

Abb. 42 gibt eine Darstellung der erreichbaren Höhen bei verschiedenem freien Auftrieb. Für eine Nutzlast von 29 kg werden etwa 11 Ballone dieses Typs benötigt.

Es sind jetzt die Bedingungen festzustellen, unter denen ein Ausschweben möglich ist. Letzteres ergibt sich, wenn der Auftrieb exakt die Gesamtlast kompensiert. Ist der Auftrieb etwas kleiner, sinkt der Ballon, ist er größer, so würde er steigen, bis der Ballon platzt, falls die Oberflächenspannung der Ballonhülle extrem niedrig ist. Nun hat das Neopren die Eigenschaft, sich bei starken Dehnungen etwas zu verfestigen, d.h. mit zunehmender Dehnung steigt die Oberflächenspannung. Dieses Effekt ist, wie Abb. 43 (40) zeigt, stark temperaturabhängig.

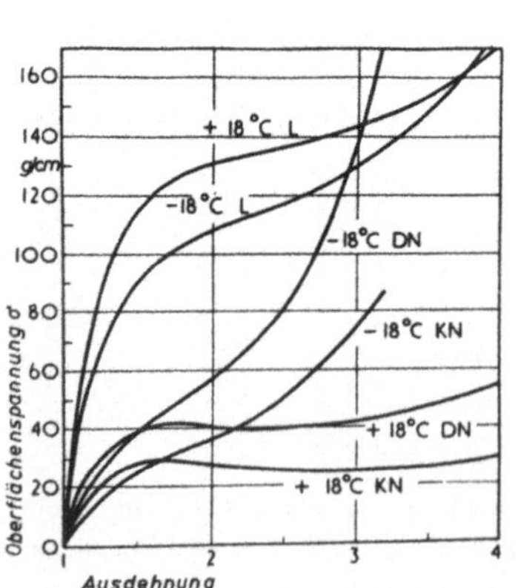

Abb. 43 Abhängigkeit der Oberflächenspannung v.d. Ausdehnung verschiedener Ballonmaterialien.

Darex Latex (L), Darex Neopren (DN), Kaysam Neopren (KN) (40)

Ist ein Schweben nahezu erreicht und hat der Ballon noch einen geringen freien Auftrieb, so kann dieser durch die zunehmende Oberflächenspannung kompensiert werden. Aus der genannten Gleichgewichtsbedingung läßt sich bei vorgegebenem Gesamtauftrieb in großer Höhe A_{Bg} die erforderliche Gasfüllung am Boden A_{Be} berechnen.

$$A_{Be} = A_{Bg} \frac{\rho_{Hg}}{\rho_{He}} \frac{(\rho_{Le} - \rho_{He})}{(\rho_{Lg} - \rho_{Hg})} = A_{Bg} \frac{T_{He}}{T_{Hg}} \frac{\left(\rho_{Lo} \frac{T_o}{T_{Le}} - \rho_{Ho} \frac{T_o}{T_{He}}\right)}{\left(\rho_{Lo} \frac{T_o}{T_{Lg}} - \rho_{Ho} \frac{T_o}{T_{Hg}}\right)}$$

$$A_{Bg} = V_g \cdot (\rho_{Lg} - \rho_{Hg})$$

Der Druck am Gipfel ergibt sich zu

$$P_g = \frac{P_e \cdot T_{Hg} \cdot A_{Be}}{V_g \cdot T_{He} (\rho_{Lo} - \rho_{Ho})} - P_\sigma$$

Zeichenerklärung :

A_{Be} = Brutto-Auftrieb am Boden

ρ_{Le} = Dichte der Luft am Boden

ρ_{He} = Dichte des Füllgases am Boden

T_{Le} = Temperatur der Luft am Boden

T_{He} = Temperatur des Füllgases am Boden

P_σ = Überdruck im Ballon

P_e = Druck am Boden

T_o = Normaltemperatur (= 273, 3°K)

ρ_{Lo} = Dichte der Luft unter Normalbedingungen

ρ_{Ho} = Dichte des Füllgases unter Normalbedingungen

A_{Bg} = Brutto-Auftrieb in der Höhe (am Gipfel)

V_g = Volumen in der Höhe

Der zweite Index g anstelle von e kennzeichnet die Größen für die Gipfelhöhe.

Aus der Formel für P_g ersieht man die starke Abhängigkeit des Gipfeldruckes von der Temperatur des Füllgases T_{Hg}. Sie läßt sich nur schwer angeben, da sie von der Einstrahlung von der Sonne und besonders des Absorptionskoeffizienten des Hüllenmaterials und der Abkühlung infolge Konvektion abhängt. Bei Neopren verändert sich dieser Wert zudem unter der Einwirkung der Sonnenstrahlung. Klare Verhältnisse sind also in dieser Richtung nur bei Nachtflügen zu erwarten.

Im Folgenden werden die maßgeblichen Größen für den Aufstieg berechnet, die für die Zeit im Apri etwa gelten. Die Temperatur T_{Hg} im Innern des Ballons wird unter dem Einfluß der Strahlung um ca. 30° über der Außentemperatur liegen.

$$T_{Le} = T_{He} = 278^{o}K \qquad T_{Lg} = 223^{o}K \qquad T_{Hg} = 253^{o}K$$

Die gesamte Last hatte ein Gewicht von 29, 17 kg. Hierfür wurden 11 Ballone (Darex 2400) eingesetzt. Der für eine mäßige Aufstiegsgeschwindigkeit erforderliche freie Auftrieb wurde formal von 2 Schlepperballonen aufgebracht, während die übrigen neun als Träger der Gondel und der zwei geplatzten Schlepper für einen Schwebeflug ausgelegt werden mußten. Mit Berücksichtigung der tatsächlichen Hüllengewichte hatten die neun Ballone in der Höhe im Mittel insgesamt A_{Bg} = 6, 31 kg/Ballon zu tragen. Daraus folgt ein Brutto-Auftrieb am Boden A_{Be} = 5, 48 kg/Ballon bzw. ein auszuwiegender Auftrieb von 3, 00 kg. Man sieht sofort, daß als Folge der verschiedenen Gastemperaturen die Last am Erdboden nicht angehoben werden kann. Der Unterschied des Auftriebs beträgt immerhin 7, 4 kg. Da die Höhenabhängigkeit der Ultrastrahlung gemessen werden sollte, bestand an einem sehr raschen Aufstieg kein Interesse. Andererseits erschwert ein schwacher Auftrieb schon bei mäßigen Bodenwinden den Start.

Die Schlepper wurden daher so gefüllt, daß vor der Erwärmung durch Strahlung, also am Erdboden, ein mittlerer freier Auftrieb pro Ballon von ca. 1 kg vorhanden war. Pro Schlepper war damit ein auszuwiegender Auftrieb von 6, 6 kg erforderlich. Infolge der unterschiedlichen Füllung dieser Ballongruppen konnte erwartet werden, daß die wahrscheinliche Platzhöhe der Schlepper um einige Kilometer unterhalb der übrigen liegen würde. Nach den Kurven in Abb. 42 müßten die letzteren ihre Platzhöhe in über 35 km erreichen, die Schlepper in etwa 32 km.

Um die Wahrscheinlichkeit des Ausschwebens zu erhöhen, ist für die weiteren Aufstiege ein gesteuerter Ballastabwurf vorgesehen worden. Alle Ballone werden dann gleichmäßig gefüllt, so daß der überschüssige freie Auftrieb in der Höhe durch das Platzen einiger Ballone kompensiert wird. Tritt ein Ausschweben nicht von selbst ein, sondern beginnt nach dem Platzen eines Ballons der Abstieg, so setzt nach einer geringen Zunahme des Luftdrucks der Ballastabwurf ein, der so lange fortgesetzt wird, bis das Gespann ausschwebt oder ganz schwach ansteigt.

Ein sehr schwacher Auftrieb wird dann leicht durch die Verfestigung der Hüllen ausgeglichen. Dieses Verfahren hat zudem den Vorteil, daß stets die besseren Ballone überleben, keine bestimmte Ausschwebehöhe vorgegeben werden muß und daß somit ein Optimum erreicht werden kann.

Dem Direktor des Institutes für Stratosphärenphysik im Max-Planck-Institut für Aeronomie, Herrn Professor Dr. Julius Bartels danke ich für seine freundliche Förderung dieser Arbeit. Dem verstorbenen Direktor des Max-Planck-Institutes für Physik der Stratosphäre, Herrn Professor Dr. Erich Regener bin ich für die Übertragung der vorliegenden Arbeit und Herrn Dr. Ing. Georg Pfotzer für Anregung und Betreuung derselben zu großem Dank verpflichtet. Ebenso danke ich Herrn Professor Dr. Alfred Ehmert herzlich für zahlreiche Anregungen und Förderungen und vielen Institutsangehörigen für die ausgezeichnete Zusammenarbeit, die zum Gelingen des Ballonaufstieges wesentlich beitrug.

Der Firma Telefunken in Ulm ist für ihr großzügiges Entgegenkommen bei der Anfertigung und Eichung eines speziellen Antennenverstärkers zu danken.

Die Arbeit wurde von der Deutschen Forschungsgemeinschaft auf Antrag von Herrn Professor Dr. A. Ehmert unterstützt; ich danke ihr für die sachliche und persönliche Beihilfe.

Literaturverzeichnis

(1) P. Freier, E.J. Lofgren, E.P. Ney, F. Oppenheimer, H.L. Bradt, B. Peters : Phys. Rev. 74 , 213 (1948).

(2) J. J. Lord and M. Schein: Phys. Rev. 78 , 484 (1950).

(3) V.H. Yngve: Phys. Rev. 92 , 428 (1953).

(4) G.J. Perlow, L.R. Davis, C.W. Kissinger and J.D. Shipman: Phys. Rev. 88 , 321 (1952).

(5) L.R. Davis, H.M. Caulk, and C.Y. Johnson: Phys. Rev. 91 , 431 (1953).

(6) E.P. Ney and D.M. Thon: Phys. Rev. 81 , 1068 (1951).

(7) M.E. Rose and S.A. Korff: Phys. Rev. 59 , 850 (1941).

(8) E. Fünfer und H. Neuert: Zählrohre und Szintillationszähler, Verlag G. Braun, Karlsruhe (1954).

(9) G.S. Hurst and R.H. Ritchie: Rev. Sci. Instr. 24 , 669 (1953).

(10) F. Sauter: Zs. Naturforschg. 4a , 682 (1949).

(11) L. Landau: S. Phys. (USSR) 8 , 201 (1944).

(12) D. Blunck and S. Leisegang: Zs. Phys. 128 , 500 (1950).

(13) G. Igo and R.M. Eisberg: Rev. Sci. Instr. 25 , 450 (1954).

(14) W. Heisenberg: Kosmische Strahlung Anhang (1, 7), Springer-Verlag (1953).

(15) B. Rossi: Rev. Mod. Phys. 20 , 537 (1948).

(16) H.J. Fischer: Radartechnik, Fachbuchverlag Leipzig (1956) S. 182

(17) B. Rossi: High Energy Particles, S. 111 ; Prentice Hall, Inc.

(18) L.R. Davis, H.M. Caulk and C.Y. Johnson: Phys. Rev. 101 , 800 (1956).

(19) A. Ehmert: Zs. f. Physik 115 , 326 (1940).

(20) E.G. Dymond: Progress in Cosmic Ray Physics, Vol. II, Chapt. III.

(21) M.L. Vidale and M. Schein: Nuovo Cim. 8 , 774 (1951).

(22) H. Messel: Progress in Cosmic Ray Physics II, Amsterdam 1954, Chapter IV.

(23) G.W. McClure: Phys. Rev. 96 , 1391 (1954).

(24) K.A. Anderson: Suppl. al. Vol. V, Ser. X, del Nuovo Cimento Nr. 3, 389 (1957).

(25) M.F. Kaplon, J.H. Noon and G.W. Racette: Phys. Rev. 96 , 1408 (1954).

(26) W.R. Webber: Il Nuovo Cimento Ser. X, Vol. 4, 1285 (1956).

(27) P.H. Fowler, R.R. Hillier and C.J. Waddington: Phil. Mag. 2 , 293 (1957).

(28) B. Peters: Progress in Cosmic Ray Physics I, herausgegeben von J.G. Wilson, S.191 ff., Amsterdam 1952.

(29) C.J. Waddington: Nuovo Cimento 3 , 930 (1956).

(30) P.H. Fowler and C.J. Waddington: Phil. Mag. I, 637 (1956).

(31) McDonald: Phys. Rev. 109 , 1367 (1958).

(32) S.F. Singer: Progress in Cosm. Ray Phys. IV, Kap.4 (1958).

(33) Private Mitteilung von Herrn H. Erbe.

(34) H.H. Aly and C.J. Waddington: Nuovo Cimento 5 , 1679 (1957).

(35) M. Reinharz : private Mitteilung an J.A. Simpson et al s. (37).

(36) A. De Marco, A. Milone and M. Reinharz: Nuovo Cimento 3 , (Ser. 10), 1150 (1956).

(37) J. A. Simpson, K.B. Fenton, J. Katzmann and D.J. Rose: Phys. Rev. 102 , 1648 (1956).

(38) G. Pfotzer: Mitteilungen aus dem Max-Planck-Institut für Physik der Stratosphäre Nr. 9 (1956).

(39) E. Regener: Beitr. z. Phys. d. fr. Atm. 22 , 249 (1935).

(40) N.C. Barford, G. Davis, A.J. Herz, R.M. Tennent and D.A. Fidman: Atm. a. Terr. Phys. V, 223 (1954).

Lebenslauf.

Am 7. März 1926 wurde ich, Eberhard Waibel, in Rostock geboren als Sohn des Physikers Dr. Ferdinand Waibel und seiner Ehefrau Marie geb. Albrand. Von 1930 an wuchs ich in Berlin auf. Dort besuchte ich auch die Grund- und die Oberschule zunächst bis 1943. Im Frühjahr des gleichen Jahres erfolgte die Einberufung zu den Luftwaffenhelfern und ein Jahr später die Einziehung zum Militärdienst. Vom April 1945 bis zum Sommer 1948 befand ich mich in Kriegsgefangenschaft. Da ich 1943 nur den sogenannten Reifevermerk erhalten hatte, musste ich nach meiner Rückkehr nach Berlin nochmals ein Jahr zur Oberschule bevor ich 1949 die Reifeprüfung ablegen konnte.

Vom Herbst 1949 bis zum Mai 1954 studierte ich an der Humboldt-Universität zu Berlin Physik. Meine Universitätslehrer waren in Physik vornehmlich die Herren Professoren Rompe und Möglich und in Mathematik die Herren Professoren Grell und Schröder.

Nach Abschluss der Diplomhauptprüfungen erhielt ich von Herrn Professor Dr. Erich Regener die Möglichkeit, die vorliegende Dissertation am Max-Planck-Institut für Physik der Stratosphäre in Weissenau auszuarbeiten.

Verzeichnis der Mitteilungen aus dem Max-Planck-Institut für Physik der Stratosphäre

---

Nr. 1/1953 Über den Beitrag der von μ - Mesonen angestoßenen Elektronen zu den Ultrastrahlungsschauern unter Blei. G. Pfotzer

Nr. 2/1954 Ein Zählrohrkoinzidenzgerät zur Registrierung der kosmischen Ultrastrahlung. A. Ehmert

Eine einfache Methode zur Einstellung und Fixierung des Expansionsverhältnisses von Nebelkammern. G. Pfotzer

Nr. 3/1954 Optische Interferenzen an dünnen, bei -190^0 C kondensierten Eisschichten. Erich Regener (vergriffen)

Nr. 4/1955 Über die Messung der Temperatur des atmosphärischen Ozons mit Hilfe der Huggins-Banden. H. Zschörner und H. K. Paetzold

Nr. 5/1956 Ein neuer Ausbruch solarer Ultrastrahlung am 23. Februar 1956. A. Ehmert und G. Pfotzer, vergriffen (erschienen Z. Naturforschung 11a, 322, 1956)

Nr. 6/1956 Das Abklingen der solaren Ultrastrahlung beim Ausbruch am 23. Februar 1956 und die geomagnetischen Einfallsbedingungen. A. Ehmert und G. Pfotzer

Nr. 7/1956 Die Impulsverteilung der solaren Ultrastrahlung in der Abklingphase des Strahlungseinbruches am 23. Februar 1956. G. Pfotzer

Nr. 8/1956 Die atmosphärischen Störungen und ihre Anwendung zur Untersuchung der unteren Ionosphäre. K. Revellio

*

Die vorstehenden Hefte können beim Max-Planck-Institut für Aeronomie, (20b) Lindau über Northeim (Hann.), angefordert werden.